机修钳工工艺与实训二
（机修钳工维修技术）

武天弓　许国强　主　编

程永智　孙风岐　副主编

南开大学出版社

天　津

图书在版编目(CIP)数据

机修钳工工艺与实训. 2,机修钳工维修技术 / 武天弓,许国强主编. —天津：南开大学出版社，2014.5

ISBN 978-7-310-04493-1

Ⅰ. ①机… Ⅱ. ①武… ②许… Ⅲ. ①机修钳工—中等专业学校—教材 Ⅳ. ①TG947

中国版本图书馆 CIP 数据核字(2014)第 099156 号

南开大学出版社出版发行

出版人：孙克强

地址：天津市南开区卫津路 94 号　　邮政编码：300071

营销部电话：(022)23508339　23500755

营销部传真：(022)23508542　邮购部电话：(022)23502200

*

天津泰宇印务有限公司印刷

全国各地新华书店经销

*

2014 年 5 月第 1 版　　2014 年 5 月第 1 次印刷

240×170 毫米　16 开本　10.75 印张　186 千字

定价：24.00 元

如遇图书印装质量问题,请与本社营销部联系调换,电话：(022)23507125

编写指导委员会

序　言

在我国进行社会主义经济体制改革和实现现代化建设战略目标的关键时期，中等职业教育如何适应新时期的发展需要？如何更好地培养数以亿计的、能在各行各业进行技术传播和技术应用的、具有创新精神和创业能力的高素质劳动者和中、高级专门人才？这是我们所有职教人必须面对的共同命题。

我校六十年的教学改革实践证明，课程改革是教育教学改革的核心，是改变中等职业教育理念、改革中等职业教育人才培养模式、提高中等职业教育教学质量、全面推进素质教育的突破口，而教材建设正是课程改革的关键点。那么，如何推进中等职业学校的教材建设？这不单是教育行政部门、研究部门的工作，更应是广大中职学校、教师的使命。

因此，我们必须认真研究中职学校的课程教材现状，探究专业诉求和发展前景，设置有中职特色的课程标准和新课程体系，开展有中职特色的教材编写。

本系列教材是我校在开展国家示范校建设的大背景下，结合自身教育教学改革实际，开创性编写的适用于学校发展特点的一套丛书。它紧跟时代发展，紧贴企业需求，对接行业职业标准和职业岗位能力，符合五个重点专业的教学建设要求，突出工学结合培养模式，强调教、学、做一体化内容，更加符合学生的认知规律，整体上突显了技工院校的办学特色。

与传统教材相比，本系列丛书更强调新知识、新技术、新工艺、新方法的运用。在编写形式上，打破了以文字表述为主的枯燥形式，添加了生动形象的图片资料，教材更显立体化、数字化、多样化。

看到这套丛书的付梓出版，我很激动。因为这项科学的课程改革工作，凝结了我校教育工作者的辛勤汗水，浸润着全体教师的拳拳赤子之情。在此，我谨向本系列丛书的编者表示诚挚的谢意，感谢你们对学校的发展做出的突出贡献！

最后，衷心道一声：你们辛苦了！

吴兴民
2013 年 12 月

前　言

　　本教材结合我校实际情况相应岗位工作任务和核心能力的培养需求，规划本课程知识和能力目标，形成本教材的理论主题及核心，本教材的主要特点是：

　　1.结构设计方面本课程的职业定位是装配钳工、机修钳工等具体岗位；以培养学生综合性专业能力为目标形成本课程的系统化知识结构框架；内容丰富，图文并茂，深入浅出，层次分明，详略得当，突出技能。

　　2.强调理论的先进性，以实践工作任务的全面性和系统性作为教材构造理念，力求坚持以实用为主，并兼顾科学性和完整性。以认知规律为理论基础，突出体现技能教育的特点和教学改革实践成果。

　　本教材主要内容包括：

　　项目1，机电设备的验收；

　　项目2，机床机构检验和调整；

　　项目3，传动机构的装配与修理；

　　项目4，轴承和轴组的装配与修理；

　　项目5，CA6140型卧式车床装配与修理。

　　结合企业的实际工作情况，重点介绍设备安装、装配及调试步骤和故障排除方法等。

　　本教材由武天弓、许国强主编和统稿，副主编为程永智、孙风岐，参编人员蔡永新、贾志国、王万华、李春先。

　　由于时间仓促，书中难免有错误和不当之处，恳请读者批评指正。

编　者

2013 年 12 月

目　录

项目 1

机电设备的验收

【项目描述】 验收效果及安装质量，直接影响设备的使用效果。

【项目分析】 理论指导实践，严把质量关。

【项目目标】 会对设备进行验收作业，且会编制机械验收工艺，了解安装的基本工艺，和对设备的调试知识，在实践中提高质量意识安全意识。了解机电设备验收的分类、必要性和常见标准等内容。初步掌握数控机床的精度检验、性能检验、功能检验和验收的方法和步骤。掌握机电设备检验和验收的相关基本概念，具备机电设备检验和验收的基本能力。

【教学内容摘要】

①机电设备验收的分类和内容。

②数控机床的精度检验和性能检验。

③数控机床的功能检验和验收。

【教学重点、难点】

重点：掌握机电设备的精度、性能及功能检验的方法和步骤。

难点：机电设备的精度检验和测量。

任务 1　学习机电设备验收的基础知识

机电设备作为现代制造技术的基础装备，随着其广泛应用与普及，设备验收工作也越来越受到重视。一台机电设备从订购到正式投入使用，一般要经过工艺认证、设备订购、设备预验收、运抵工厂、最终验收和交付使用等环节。新设备在运输过程中会产生振动和变形，到达用户现场的设备精度与出厂精度已产生偏差；在设备安装就位的过程中，使用精度检测仪器在设备相关部件上进行几何精度的调整时，也会对机电设备的精度产生一定影响。因此，必须对设备的几何精度、位置精度及性能指标做全面检验，才能保证设备的工作性能要求。

新的机电设备在验收前必需进行检验，而检验的主要目的是为了判别设备是否符合相应的技术指标，判别设备能否按照预定的目标完成工作。在进行数控机床验收时，往往通过加工一个具有代表性的典型零件来进行检验，但对于更具有通用性的机电设备来说，这种检验方法显然不能提供足够的信息来精确地判断设备的整体精度指标。只有通过对设备的几何精度和位置精度进行检验，才能反映出设备本身的综合制造精度。对于安装在生产线上的设备，还需通过对工序能力和生产节拍的考核来评判设备的工作能力。

对于数控设备，其精度验收方法同普通设备类似，验收的内容和方法及使用的仪器也基本相同，只是要求更严、精度更高，所用检测仪器的精度也要求更高。与普通设备相比，数控设备增加了数控功能，也就是数控系统按程序指令实现的一些自动控制功能，包括各种补偿功能等，这是普通设备所没有的。数控功能检验，除了通过手动操作和自动运行来检验之外，更重要的是检验其稳定性和可靠性。对其重要功能必须进行较长时间连续空运转考验，证明确实安全可靠后才能正式交付使用。

预验收的主要工作内容包括：

●机电设备的各技术参数是否达到合同要求。

●机电设备的运行是否正确可靠。

●机电设备的几何精度及位置精度是否合格。

●检验机电设备主要零部件是否按合同要求制造。

●对合同没有提到的公理性检验项目，如发现不满意处可向生产厂家提出，以便进行改进。

●对于机床等设备，应通过试件的加工，检查是否达到精度要求。

●做好预验收记录，包括精度检验状况及需要改进部分，并由生产厂家签字。

如果预验收通过，就意味着用户同意该机电设备向用户厂家发货，当货物到达用户所在地后，用户将支付该设备的大部分金额。所以，预验收是非常重要的步骤，不容忽视。

1.在设备采购方的最终验收

对用户来说的最终验收，主要是根据订货合同和生产厂家提供的产品合格证上规定的验收条件及实际可能提供的检测手段，全部或部分地检测设备合格证上的各项指标，并将检测数据记入设备技术档案中，作为日后维修的依据。

不同的机电设备都有相关的验收标准。例如对于机床设备，不管是预验收还是最终验收，所采用的验收标准都应满足国家标准《金属切削机床通用技术条件》（GB9061-1988）中的规定。

实例分析：数控机床的最终验收

1. 开箱检验

开箱检查主要检查装箱单、合格证、操作维修手册、图样资料、数控设备参数清单和光盘等随机资料；对照购置合同及装箱单清点附件、备件、工具的数量、规格及完好状况。如发现上述资料和物品短缺、规格不符或严重质量问题，要及时向有关部门汇报，及时进行查询、取证或索赔等紧急处理。

2. 外观检查

检查数控设备主体结构、操作面板、位置检测装置、电源等部件是否破损；检查电缆捆扎处是否破损；对安装有脉冲编码器的伺服电动机，要特别检查电动机外壳的相应部分有无磕碰痕迹。验收人员逐项如实填写"设备开箱验收登记卡"并整理归档。

3. 数控设备的功能检查

数控设备的功能检查包括数控设备的性能检查和动作功能检查两方面内容，下面以数控机床为例进行说明。

对于机床的性能检查，主要检查主轴系统、进给系统、自动换刀系统以及附属系统的性能；动作功能检查则按照订货合同和机床说明书的规定，分别用手动方式和自动方式逐项检查数控系统的主要功能和选择功能。

主轴性能的检查包括用手动方式试验主轴动作的灵活性和可靠性；用数据输入（MDI）方式，使主轴实现从低速到高速旋转各级转速变换，同时观察机床的振动和主轴的温升；试验主轴准停装置的可靠性和灵活性；对有齿轮挂挡的主轴箱，还应多次试验自动挂挡，其动作应准确可靠。

进给系统性能的检查，要求分别对各坐标轴进行手动操作，试验正反方向不同进给速度和快速移动的起、停、点动等动作的灵活性和可靠性；用数据输入方式测定点定位和肖线插补的各种进给速度；用回原点方式（REF）检验各伺服驱动轴的回原点可靠性。

自动换刀系统的性能要求，主要检查自动换刀系统的可靠性和灵活性，测定自动交换刀具的时间。另外，机床空转时总噪声不得超过标准规定的 85dB。除上述的机床性能检查项目外，对润滑装置、安全装置、气液装置和各附属装置也应进行性能检查。

数控设备动作的功能检查，一般用户制定一个检验程序（也称考机程序）或动作流程，让机床在空载下自动运行 8-16 小时。检查程序中要尽可能包括机床应有的全部动作功能、主轴的各种转速、坐标轴的各种进给速度、换刀装置的每个刀位、台板转换等。对数控机床的图形显示、自动编程、参数设定、诊断程序、参数编程、通信功能等选择功能则进行专项检查。

4. 数控设备的精度验收

数控设备的精度验收主要指数控设备的几何精度验收，其综合反映了机床各关键部件精度及其装配质量与精度，是设备验收的主要依据之一数控机床的几何精度检查与普通机床使用的检测工具和方法也很相似，只是检验要求更高，主要依据与标准是厂家提供的合格证所示各项技术指标。

2.机电设备验收的常见标准

机电设备验收，应当遵循一定的规范进行。数控机床作为当代机电设备的典型代表，其验收检验标准和手段都具有代表性，因此本教材取用数控机床的验收为例进行说明。针对数控机床的验收标准有很多，通常按性质可以分为两大类，即通用类标准和产品类标准。

1）通用类标准

此类标准规定了数控机床调试验收的检验方法、测量工具的使用、相关公差的定义、机床设计、制造、验收的基本要求等。如标准《机床检验通则》、（GB/T17421.1-1998）第 1 部分（在无负荷或精加工条件下机床的几何精度）、《机床检验通则》、（GB/T17421.2-2000）第 2 部分（数控轴线的定位精度和重复定位精度的确定）、《机床检验通则》、（GB/T17421.4-2003）第 4 部分（数控机床的圆检验）。这些标准等同于 ISO 230 标准。

2）产品类标准

此类标准规定了具体类型机床的几何精度和定位精度的检验方法，以及机床制造和调试验收的具体要求。如我国的《加工中心技术条件》

（JB/T8801-1998）、《加工中心检验条件》（JB/T8771.1-1998）第 1 部分（卧式和带附加主轴头机床几何精度检验）、《加工中心检验条件》（GB/T18400.6-2001）第 6 部分（进给率、速度和插补精度检验）等。具体类型的机床应当参照合同约定和相关的中外标准进行具体的调试验收。

大师点睛

在实际的验收过程中，有许多的设备采购方采用德国 VDI/DGQ3441 标准或日本的 JISB62ol、JISB6336、JISB6338 标准或国际标准 15230。不管采用什么样的标准，需要特别注意的是，不同的标准对"精度"的定义差异很大，验收时一定要弄清各标准精度指标的定义和计算方法。

任务 2　准备数控机床的验收

1.数控机床的供货检查和外观检查

数控机床是计算机数字控制机床（Computer Numorical Control）的简称，通常简写为 CNC。以下几节以数控机床为例，进行机电设备验收的说明。

1）数控机床的供货检查

用户设备管理部门应及时组织设备管理人员、设备安装人员以及设备采购人员等进行检查。如果是国外设备，检查时须有进口商务代理和海关商检人员等参加。检验的主要内容是供需双方按照随机装箱单和合同，对设备逐一进行核对检查，并做记录。

数控机床的主要检查项目如下：

①机床外观有无明显损坏，是否有锈蚀、脱漆现象。

②校对应有的随机操作、维修及使用说明书，图样资料，合格证等技术资料是否齐全。

③按合同规定，对照装箱单清点附件、备件、工具的数量、规格及完好状况。

④核对调整垫铁、地脚螺栓等安装附件的品种、规格和数量。

⑤随带刀具（刀片）等的品种、规格和数量。

⑥电气元器件的品种、规格和数量是否符合订货要求。

⑦检查主机、数控柜、操作台等有无明显碰撞损伤、变形、受潮或锈蚀。

如果发现货物损坏或遗漏，应及时与有关部门或制造商联系解决。特别应注意设备的索赔期限，以减少损失。

2）数控机床的外观检查

①机床电气检查。打开机床电控箱，检查继电器、接触器、熔断器、伺服电动机驱动控制单元插座等有无松动。如有松动应恢复正常状态，有锁紧机构的接插件一定要锁紧；有转接盒的机床一定要检查转接盒上的插座，接线有无松动，有锁紧机构的应锁紧。

②CNC数控装置（电箱）检查。打开CNC电箱门，检查各类接口插座、伺服电动机的反馈信号线插座、主轴脉冲发生器插座、手摇脉冲发生器插座等。如有松动要重新插好，有锁紧机构的一定要锁紧。按照说明书检查各个印制线路板上的短路端子的设置情况，一定要符合机床生产厂设定的状态，确认有误的应重新设置。如无需重新设置，用户也一定要对短路端子的设置状态做好原始记录。

③接线质量检查。检查所有的接线端子，包括强电、弱电部分在装配时机床生产厂自行接线的端子及各电机电源线的接线端子。每个端子都要用工具紧固一次，直到用工具拧不动为止，各电动机插座一定要拧紧。

④电磁阀检查。所有电磁阀都要用手推动数次，以防止长时间不通电造成的动作不良，如发现异常，应做好记录，以备日后确认修理或更换。

⑤电气开关检查。检查所有限位开关动作灵活性及固定的牢固程度，发现其动作失效或固定不牢应立即处理；检查操作面板上所有按钮、开关、指示灯的接线，发现有误应立即处理；检查CRT单元上的插座及接线。

⑥地线检查。要求有良好的地线。测量机床地线的接地电阻不大于4~7Ω。

2.数控机床的场地安装质量检查

数控机床的初就位就是按照技术要求将机床安装、固定在基础上，以获得确定的坐标位置和稳定的运行性能。数控机床的安装质量对其加工精度和使用寿命有直接的影响。选择机床安装位置应避开阳光直射或强电、强磁干扰，选择清洁、空气干燥和温差较小的环境。对小型数控机床来说，初就位工作相对简单。而大中型数控机床由于运输等多种原因，机床厂家在发货时已将机床解体成几个部分，到用户厂家后要进行重新组装和重新调试，难度比较大，其中数控系统的调试比较复杂。

1）机床的安装环境检查

数控机床安装前应仔细阅读机床安装说明书，按照说明书的机床基础图或《动力机器基础设计规范》做好安装基础。机床安装位置的环境温度范围应在 15℃～25℃ 之间，每天温差不得超过 5℃。当精度要求低于机床出厂精度时，环境温度范围可放宽至 15℃~35℃。检测环境应符合 GB/T17421.2-2000 标准的规定，相对湿度小于 75%，空气中粉尘浓度不大于 10mg/m³，不得含酸、盐和腐蚀气体，且机床应远离热源和热流。机床安装处应保证有足够的空间以满足装卸的需要，并且应留有机床的重修区域以及自由搬运机床的通道。

初步确定数控机床的安装位置后，应仔细确定机床的重心及重心位置，与机床连接的电缆、管道的位置及尺寸，地脚螺栓、预埋件的预留位置。中小型机床安装基础处理可按照《工业建筑地面设计规范》执行，重型、精密机床应在单独基础上安装，还应加防振措施，保证振动小于 0.59g（g 为重力加速度）。

2）机床的就位情况检查

机床就位首先要确定床身位置与机床床身安装孔位置的对应关系。在基础养护期满并完成清理工作后，将调整机床水平用的垫铁、垫板逐一摆放到位，然后通过吊装的方法使机床的基础件（或整机）就位，同时将地脚螺栓放进预留孔内，并通过调整垫铁、地脚螺栓将机床安装在准备好的地基上。机床安装时，先用楔形铁将机床垫起在地基之上，通过楔形铁调节机床水平，然后在地脚预留孔处，进行二次灌浆，固定机床。

机床吊装应使用制造商提供的专用起吊工具，不允许采用其他方法。如不需要专用工具，应采用钢丝绳按照说明书的规定部位吊装。机床吊运时应垂直吊运、摆放，确保平衡，避免受到撞击与振动。在机床吊运所用钢丝绳与零部件之间应放置软质毡垫，防止擦伤机床。在任何情况下，机床吊装一定要在专业人员监督指导下进行，以免造成不应有的损失。

机床安装后，地基易产生下沉现象。因此，机床验收合格并使用一段时间后，应重新调整机床的安装水平，纵横向水平度误差不超过 0.03/1000mm，并按机床合格证明书的精度项目复检机床的几何精度。

3.机床部件的组装情况检查

机床部件的组装是指将运输时分解的机床部件重新组合成整机的过

程。组装前注意做好部件表面的清洁工作，将所有导轨和各滑动面、接触面和定位面上的防锈涂料清洗干净，然后准确可靠地将各部件连接组装成整机。

在组装立柱、数控柜、电气柜、刀具库和机械手的过程中，机床各部件之间的连接定位均要求使用原装的定位销、定位块和其他定位元件。这样，各部件在重新连接组装后，能更好地还原机床拆卸前的组装状态，保持机床原有的制造和安装精度。

4.数控系统的连接情况检查

数控系统的连接包括外部电缆连接、地线连接和电源线连接。

1）外部电缆的连接

外部电缆连接是指数控装置与外部 MDI/CRT 单元、强电柜、机床操作面板、进给伺服电动机动力线与反馈线、主轴电动机动力线与反馈信号线的连接及与手摇脉冲发生器等的连接。应使其符合随机提供的连接手册的规定。

地线连接一般采用辐射式接地法，即数控单元中的信号地与强电地、机床地等连接到公共接地点上，公共接地点再与大地相连。数控单元与强电柜之间的接地电缆的截面积，一般应大于 5.5mm。公共接地点与大地接触要好，接地电阻一般要求不大于 $4\sim7\Omega$。

2）数控系统电源线的连接

电源线的连接指数控单元电源变压器输入电缆的连接和伺服变压器绕组抽头的连接。应特别注意国外机床生产厂家提供的变压器有多个抽头，连接时必须根据我国供电的具体情况正确地连接。应在切断数控柜电源开关的情况下连接数控柜内电源变压器的输入电缆。

3）对应设定的确认

数控系统内的印制线路板卜有许多用短路棒短路的设定点，需要对其适当设定以适应各种型号机床的不同要求。

4）输入电源电压、频率及相序的确认

除交流电源外，各种数控系统内部都有直流稳压电源，为系统提供所需的+5V、+12V、+24V 等直流电压，应进行必要的检查。在系统通电前，应检查这些电源的负载是否有对地短路现象，可用万用表来确认。

5）检查直流电源单元的电压输出端是否对地短路

6）接通数控柜电源，检查各输出电压

在接通电源之前，为了确保安全，可先将电动机动力线断开。接通电源之后，首先检查数控柜中各个风扇是否旋转，就可确认电源是否已接通。

7）查数控系统各种参数的设定

8）检查数控系统与机床侧的接口

完成上述步骤，可以认为数控系统已经初步调整完毕，具备了与机床联机通电试车的条件。此时，在数控机床不上电的情况下，连接电动机的动力线，恢复报警设定。

在完成数控机床的连接之后，进行整机调试之前，应按照要求加装规定的润滑油、液压油、切削液，并接通气源。

5.数控机床验收工具的准备

常用的数控机床检测工具有精密方箱、平行光管、测微仪、精密水平仪、直角规、杠杆式百表分表、高精度检验芯棒等。精密花岗石方箱见图 1-1（a），平行光管及检测设备见图 1-1（b），测微仪见图 1-1（c），其中左图为机械式测微仪，右图为电感测微仪。高精度检验芯棒见图 1-1（d）。

(a)精密花岗石方箱　　　　　　　　(b)平行光管及检测设备

(c)测微仪　　　　　　　　(d)高精度检测芯棒

图 1-1　几何精度检测常用工具

检测工具和仪器的精度必须比所测几何精度高一个等级，并应注意检测工具和测量方法造成的误差，如表架的刚性、测微仪的重力、验棒自身的振动和弯曲等造成的误差。

大师点睛

以下重点对杠杆式百分表、精密水平仪、花岗岩直角规和双频激光干涉仪的使用方法加以介绍。

1）杠杆式百分表

杠杆式百分表由测定子、表盘、固定板和指针等组成，其外形如图 1-2 所示。常用于狭窄间隙、沟槽内部、孔壁直线度、同轴度、移转高度、外垂直面、工件高度或孔径、多部位工件表面的检测以及狭槽中心对中操作等。

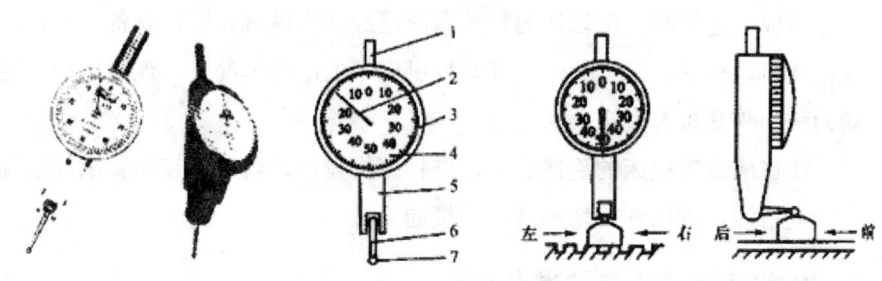

1—固定杆；2—指针；3—刻度；4—表盘；
5—固定板；6—测头；7—测定子

(a) 杠杆式百分表外观　　(b) 杠杆式百分表的组成　　(c) 杠杆式百分表的测量方法

图 1-2　杠杠式百分表外形和结构组成

实例分析

杠杆式百分表读数为 0.005、设定角度为 10°时，查表得修正系数为 0.98，则正确值＝0.005×0.98＝0.0049。

①狭窄及难触及平面测量。应将百分表安装在辅助工具上，测定与被测物设定约成 10°夹角。修正方法为：正确值＝测点值×修正系数。参见图 1-3。

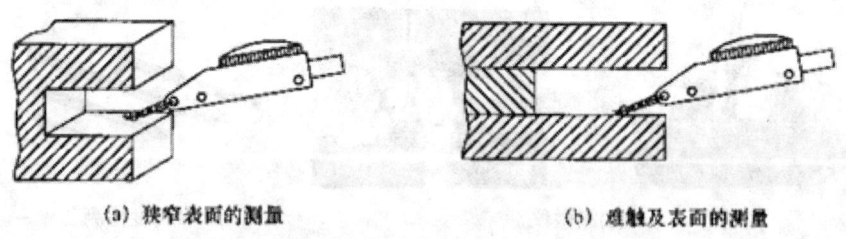

(a) 狭窄表面的测量　　　　　　(b) 难触及表面的测量

图 1-3　狭窄和难触及平面的测量

②孔壁直线度、同轴度测量。使用常规百分表常因观察区域的阻碍，以致检验无法进行。内孔面静态孔壁直线度或转动工件同轴度的测量，常用杠杆式百分表进行检验，如图 1-4 所示。

③转移高度测量。借助杠杆平移或转移高度到工件表面，可从精密高度规、块规获得标准高度。测量时，精密高度规、杠杆式百分表及工件三者均应放在同一平台上，以保证测量精度。测量方法如图1-5所示。

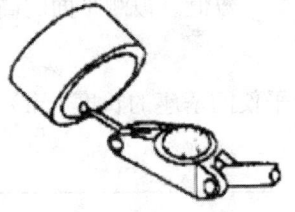

图1-4 孔壁直线度、同轴度测量　　　图1-5 转移高度测量

④内壁检验。采用测杆可调整240°的杠杆百分表，其可弯折的触杆适合探测槽垂直面的直线度、平行度或垂直度，如图1-6所示。

⑤垂直面检验。使用垂直杠杆式百分表检验工件的垂直面，可以确定工作平面与垂直面间的几何关系，如图1-7所示。使用垂直杠杆式百分表检验时，应能提供观察百分表的适宜位置。

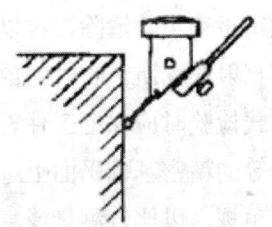

图1-6 槽内壁测量　　　　　图1-7 外垂直面检验

⑥多部位工件面的同时检查。当工件的几处被检表面的位置非常靠近，且必须与工作中心轴比较时，如偏心量与圆度的检验，使用杠杆式百分表所占空间位置较为狭小，可同时使用几个杠杆式百分表并朝向相同方向，实现多部位工件面的一次检验。

2）精密水平仪

精密水平仪，主要用于机械工作台或平板的水平检验，以及倾斜方向与角度的测量。使用前应将其表面的灰尘、油污等清洁干净，检验外观是否有受损痕迹，再用手沿测量面检查是否有毛刺，检验各零件装置是否稳固。使用中应避免与粗糙面滑动摩擦，不可接近旋转或移动的物件，避免造成意外卷入。使用完毕后应使用酒精将水平仪底部与各部位擦拭干净，将水平仪底部与未涂装的部分涂抹一层防锈油,防止生锈造成水平仪底部产生凹凸面,并存放在温度、湿度变化小的场所。

测量时将水平仪放置于待测物上,确认水平仪的基座与待测物面稳固贴合,并等到水平仪的气泡不再移动时读取其数值。被测平面的高度差按如下方法计算:

高度差＝水平仪的读数值（格）×水平仪的基座的长度（m）×水平仪精度（mm/m）

实例分析

水平仪精度为 0.02mm/m,水平仪的基座的长度为 lm,水平仪的读数值为 5 时,高度差＝（5×1×0.02）mm= 0.1mm。

3）花岗岩直角规

花岗岩直角规,适用于工件垂直度的测量。使用前应检查其是否在有效期之内,花岗岩直角规各工作部位有无损伤。使用中严防掉落、冲击的状况发生,严禁使用此仪器进行规格以外的测量工作。花岗岩直角规使用后用酒精将灰尘等清除,再以擦拭纸擦拭干净,存放于无灰尘、湿度低及无太阳直射的场所。长时间放置须擦拭保养油保护。

正式检验时应保证工件表面的光滑平整,工件或直角规须放置于花岗岩平台等的精密基础平面上进行测量。使用千分表接触归零后缓缓移动工件或直角规,以比较测量或直接测量的方法测定垂直度是否符合标准。

4）双频激光干涉仪

双频激光干涉仪常用于精确测量相对位移量,是现代国际机床标准中规定使用的数控机床精度检测验收的测量设备,测量状态如图 1-8 所示。下面以美国惠普公司生产的 HP5528A 双频激光干涉仪为例介绍其工作原理和操作方法。

①测量原理

由激光头激光谐振腔发出的 He-Ne 激光束,经激光偏转控制系统分裂为频率分别为 f_1 和 f_2 的线偏振光束,经取样系统分离出一部分光束,被光电检测器接收作为参考信号,其余光束经回转光学系统放大和准直,被干涉镜接收反射到光电检测器。机床运动使干涉镜和反射镜之间发生相对位移,两束光发生干涉效应,产生频移± Δf,光电检测器接收到的频率信号（f_1-f_2± Δf）和参考信号（f-f_2）被送到测量显示器,经频率放大、脉冲计数，送入数字总线，最后经数据处理系统进行处理，得到所测量的位移量，即可评定数控机床的定位精度。双频激光干涉仪在数控机床定位精度测量中的使用如图 1-8 所示。

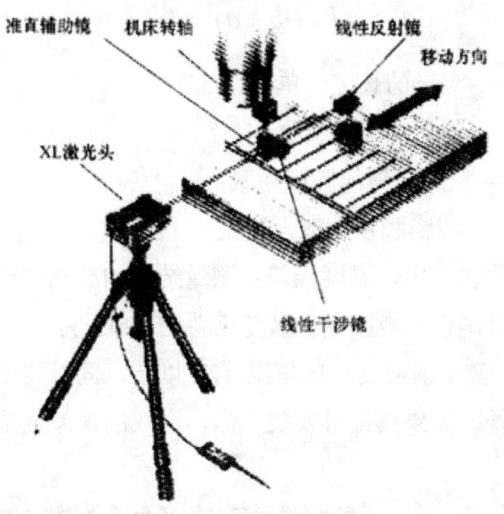

图 1-8 双频激光干涉仪在数控机床定位精度测量中的使用

②测量方法

完成双频激光干涉仪测量系统各组件的连接，然后在需测量的机床坐标轴线方向安装光学测量装置。调整激光头，使双频激光干涉仪的光轴与机床移动的轴线处在一条直线上，即将光路调准直。待激光预热后输入测量参数，按规定的测量程序运动机床进行测量。计算机系统将自动进行数据处理并输出结果。

③测量误差分析

用双频激光干涉仪检验数控机床定位精度的测量误差主要来自双频激光干涉仪的极限误差、安装误差和温度误差。

双频激光干涉仪的极限误差为：

$$e_1 = \pm 10^7 L$$

式中：L——测量的长度（单位：m）。

安装误差主要是由测量轴线与机床移动的轴线不平行而引起的误差（由于光路准直，μ 值趋于 0，此项误差忽略不计）：

$$e_2 = \pm 10 L(1 - \cos\theta)$$

式中：L——测量的长度（单位：m）；

θ——测量轴线与机床移动轴线之间的夹角。

温度误差主要由机床温度和线膨胀而造成的误差：

$$e^3 = \pm L\sqrt{(\delta_t + a)^2 + (\delta_t + \delta_a)^2}$$

式中：L——测量的长度（单位：m）；

δ_t——机床温度测量误差；

a——机床材料线膨胀系数；

δ_a——线膨胀系数侧量误差。

在各项测量误差中，温度误差对测量结果的准确性影响最大。为了保证测量结果的准确性，测量环境温度应满足（20±5）℃，月温度变化应小于±0.2℃/h。测量前应使机床恒温 12h 以上，同时要尽量提高温度测量的准确度。另外，如果测量时安装不当，造成的误差也是不可忽略的。

任务 3 数控机床的精度验收

数控机床的精度验收比普通机床要求的精度高，数控机床精度的关联指标项较多、较复杂，与普通机床的精度验收存在差异，因此需作重点说明。

数控机床精度验收主要包括几何精度、定位精度和切削精度的验收。

数控机床的几何精度综合反映了机床各关键零部件及其组装后的几何形状误差，许多项目间会产生相互影响。因此，几何精度验收检测必须在机床精调后一次完成，不允许调整一项检测一项。若出现某一单项经重新调整才合格的情况，则所有几何精度的验收检测工作必须重做。

数控机床的定位精度是指数控机床各坐标轴在数控装置控制厂所达到的运动位置精度。定位精度取决于数控系统和机械传动误差的大小，能够从加工零件达到的精度反映出来。主要检测内容有直线运动的定位精度和重复定位精度、回转运动的定位精度及重复定位精度、直线运动反向误差（矢动量）、回传运动反向误差（矢动量）和原点复归精度。

数控机床的切削精度是一项综合精度，它不仅反映机床的几何精度和位置精度，同时还包括试件的材料、环境温度、刀具性能以及切削条件等各种因素造成的误差。切削精度的检测可以是单项加工，也可以加工一个标准的综合性试件。单项加工检查内容主要有孔加工精度、平面加工精度、直线加工精度、斜线加工精度和圆弧加工精度等。

1.数控机床的几何精度检验

数控机床的几何精度检验与普通机床的检验方法差不多，使用的检测工具和方法也相似。主要检测项目有 x、y、z 轴的相互垂直度、主轴回转轴线对工作台面的平行度、主轴在 z 轴方向移动的直线度、主轴端向圆跳动和径向圆跳动。

大师点睛　每项几何精度的具体测量方法，按《金属切削机床精度检测通则》（JB2674-82）、《数控卧式车床精度检验》（GB/T16462-1996）、《加工中心检验条件》（JB/T8771，1 1998）等有关标准的要求进行，也可按机床生产时的几何精度检测项目要求进行。

根据数控机床的加工特点和使用范围，要求其加工零件外圆的圆度和圆柱度、加工平面的平面度在规定的公差范围之内。对位置精度要达到一定的精度等级，以保证被加工零件的尺寸精度和形位公差。

数控机床的几何精度综合反映了该机床的各关键零部件及其组装后的几何形状误差。机床的调整将对相关的精度产生一定影响，几何精度中有些项目是相互联系、相互影响的。位置检测元件安装在机床相关部件上，几何精度的调整会对其产生一定的影响。因此，机床几何精度检测必须在机床精调后一次完成，不允许调整一项检测一项。

大师点睛　机床在出厂时都附带一份几何精度测试结果的报告，其中说明了每项几何精度的具体检测方法和合格标准，这份资料是在用户现场进行机床几何精度检测的重要参考资料。依据这些资料和实际现场能够提供的检测手段，部分或全部地测定机床验收资料上的各项技术指标。检测结果作为该机床的原始资料存入技术档案中，作为今后维修时的技术指标依据。

1）数控立式铣床几何精度检验

数控铣床的三个基本直线运动轴构成了空间直角坐标系的三个坐标轴，因此三个坐标应该互相垂直。铣床几何精度均围绕着"垂直"和"平行"展开。

数控铣床的几何精度检侧内容和检测方法如下：

（1）机床调平

机床调平的检验方法如图 1-9 所示。

①将工作台置于导轨行程的中间位置，将两个精密水平仪分别沿 x 和 y 坐标轴置于工作台中央；

②调整机床的垫铁高度，使水平仪气泡处于读数中间位置；

③分别沿 x 和 y 坐标轴全行程移动工作台，观察水平仪读数的变化；

④调整机床垫铁的高度，使工作台沿 x 和 y 坐标轴全行程移动时水平仪读数的变化范围小于 2 格，且读数处于中间位置即可。

（2）检测工作台面的平面度

实例分析

检验方法是用平尺检测工作台面的平面度误差，应在规定的测量范围内。当所有被检测点被包含在与该平面的总方向平行并相距给定值的两个平面内时，则认为该平面的平面度符合要求。如图 1-10 所示，首先在检验面上选 A、B、C 点作为零位标记，将 3 个等高量块放在这 3 点上，则此 3 个量块的上表面就确定了测量基准面；将平尺置于 A 点和 C 点的等高量块上，并在检验面上点 E 处放一个可调量块，使其与平尺的小表面接触；此时，量块 A、B、C、E 的上表面均在同一平面上。再将平尺放在 B 点和 E 点上，即可找到 D 点的偏差；在 D 点放一个可调量块，并将其上表面调到由已经就位的量块上表面所确定的平面上；将平尺分别放在 A 点和 D 点及 B 点和 C 点上，即可找到被检面上 A 点和 D，及 B 点和 C 点之间的偏差。其余各点之间的偏差可用同样的方法找到。

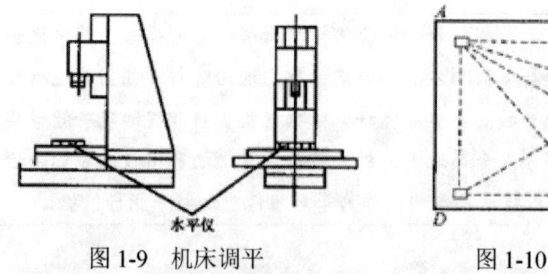

图 1-9　机床调平　　　　　图 1-10　平面度检测

（3）主轴锥孔轴线的径向跳动、主轴端面跳动和上轴套筒径向跳动的检测

检验方法如图 1-11 所示。将验棒插在主轴锥孔内。百分表安装在机床

的固定部件上，百分表测头垂直触及被测表面，旋转主轴，记录百分表的最大读数差值，在 a、b 处分别测量。标记验棒与主轴的圆周方向的相对位置，取下验棒，同向分别旋转验棒 90°、180°、270° 后重新插入主轴锥孔，在每个位置分别检测，取 4 次检测的平均值作为主轴锥孔轴线的径向跳动误差。

检测主轴端面跳动、主轴套筒径向跳动的方法，如图 1-12 所示。

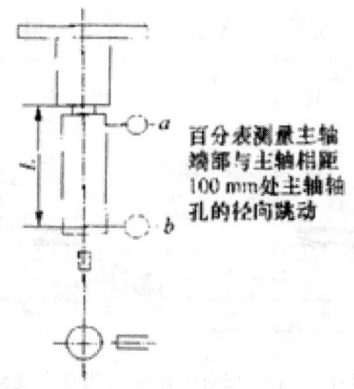

图 1-11　主轴锥孔轴线的径向跳动检测

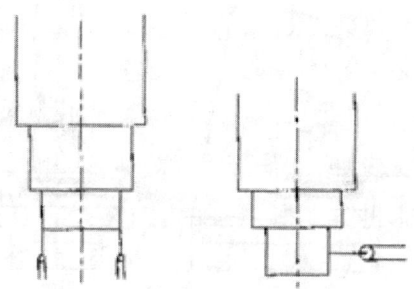

图 1-12　主轴端面跳动和主轴套筒径向跳动检测

（4）主轴轴线对工作台面的垂直度

检验工具有平尺、可调量块、百分表和表架，检验方法如图 1-13 所示。

①将带有百分表的表架装在主轴上，并将百分表的测头调至平行于主轴轴线，被测平面与基准面之间的平行度偏差可以通过百分表侧头在被测平面上摆动的检查方法侧得。

②主轴旋转一周，百分表读数的最大差值即为垂直度偏差。

③分别在 x-z、y-z 平面内记录百分表在相隔 180° 两个位置上的读数差值。

④为消除测量误差，可在第一次检验后将验具相对于主轴转过180°，再重复检验一次。

（5）主轴箱垂直移动对工作台面的垂直度

检验工具有等高块、平尺、角尺和百分表，检验方法如图1-14所示。

①将等高块沿y轴方向放在工作台上，平尺置于等高块L，将角尺置于平尺上（在y-z平面内），百分表固定在主轴箱上，百分表测头垂直触及

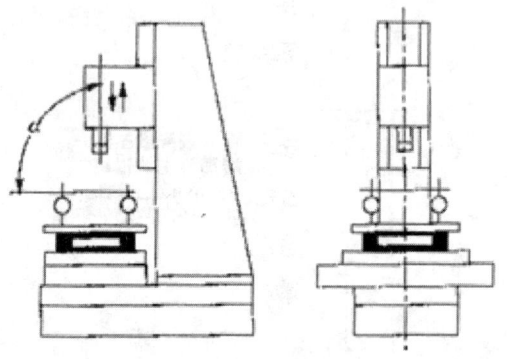

图1-13　主轴线对工作台面的垂直度检测

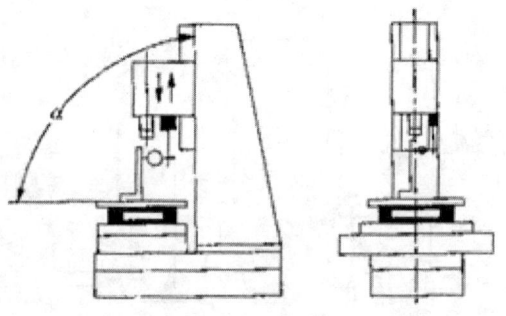

图1-14　主轴箱垂直移动对工作台面的垂直度检测

角尺，移动主轴箱，记录百分表读数及方向，其读数最大差值即为在y-z平面内主轴箱垂直移动对工作台面的垂直度误差。

②同理，将等高块、平尺、角尺置于x-z平面内重新测量一次，百分表读数最大差值即为在x-z平面内主轴箱垂直移动对工作台面的垂直度误差。

（6）主轴套筒移动对工作台面的垂直度

检验工具有等高块、平尺、角尺和百分表，检验方法如图1-15所示。

①将等高块沿y轴方向放在工作台上，平尺置于等高块上，将角尺置

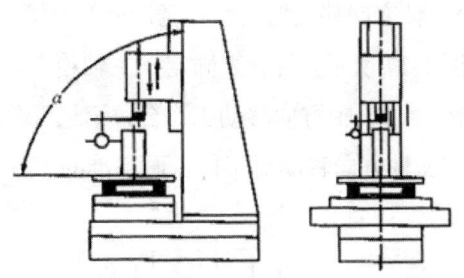

图 1-15 主轴移动对工作台面的垂直度检测

于平尺上，并调整角尺位置使角尺轴线与主轴轴线重合；百分表固定在主轴上，百分表测头在 y-z 平面内垂直触及角尺，移动主轴，记录百分表读数及方向，其读数最大差值即为在 y-z 平面内主轴套筒垂直移动对工作台面的垂直度误差。

②同理，百分表测头在 x-z 平面内垂直触及角尺，重新测量一次，百分表读数最大差值为在 x-z 平面内主轴套筒垂直移动对工作台面的垂直度误差。

（7）工作台 z 轴方向或 y 轴方向移动对工作台面的平行度

检验工具为等高块、平尺和百分表，检验方法如图 1-16 所示。

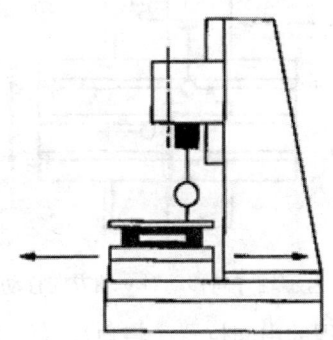

图 1-16 工作台移动对工作台面的平行度检测

①将等高块沿 y 轴方向放在工作台上，平尺置于等高块上，把百分表测头垂直触及平尺，沿 y 轴方向移动工作台，记录百分表读数，其读数最大差值即为工作台 y 轴方向移动对工作台面的平行度误差。

②将等高块沿 x 轴方向放在工作台上，沿二轴方向移动工作台，重复测量一次，其读数最大差值即为工作台 x 轴方向移动对下作台面的平行度误差。

（8）工作台 x 轴方向移动对工作台基准（T 形槽）的平行度

检验方法如图 1-17 所示，百分表固定在主轴箱上，使百分表测头垂直触及基准（T 形槽），沿 x 轴方向移动工作台，记录百分表读数，其读数最大差值即为工作台 x 轴方向移动对工作台面基准的平行度误差。

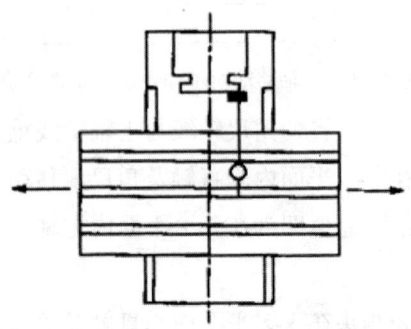

图 1-17　工作台 x 轴方向移动对工作台基准的平行度检测

（9）工作台 x 轴方向移动对 y 轴方向移动的工作垂直度

检验方法如图 1-18 所示。

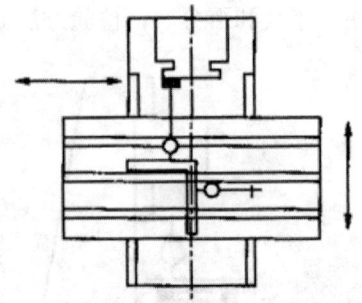

图 1-18　工作台 x 轴方向移动对 y 轴方向移动的垂直检测

①使工作台处于行程的中间位置，将角尺置于工作台，把百分表固定在主轴箱，使百分表测头垂直触及角尺（y 轴方向），沿 y 轴方向移动工作台，调整角尺位置，使角尺的一个边与 y 轴轴线平行。

②再将百分表测头垂直触及角尺的另一边（x 轴方向），沿 x 轴方向移动工作台，记录百分表读数，其读数最大差值即为工作台 x 轴方向移动对 y 轴方向移动的工作垂直度误差。

将上述各项检测项目的测量结果记入表 1-1 中。

表 1-1　数控机床几何精度检验数据表

机床型号	机床编号	环境温度	检验人	检验日期

序号	检验项目	允差范围 /mm	检验工具	实测误差 /mm
G0	机床调平	0.06/1000		
G1	工作台面的平面度	0.08/全长		
G2	靠近主轴端部主轴锥孔线的径向跳动	0.01		
	距主轴端部 100mm 处主轴锥孔线的径向跳动	0.02		
G3	y-z 平面内主轴轴线对工作台面的垂直度	0.05/300		
	x-z 平面内主轴轴线对工作台面的垂直度	(α≤90°)		
	主轴的端面跳动	0.01		
	主轴套筒的径向跳动	0.01		
G4	y-z 平面内主轴箱垂直移动对工作台面的垂直度	0.05/300		
	x-z 平面内主轴箱垂直移动对工作台面的垂直度	(α≤90°)		
G5	y-z 平面内主轴套筒移动对工作台面的垂直度	0.05/300		
	x-z 平面内主轴套筒移动对工作台面的垂直度	(α≤90°)		
G6	工作台沿 x 轴方向移动对工作台面的平行度	0.056 (α≤90°)		
	工作台沿 y 轴方向移动对工作台面的平行度	0.04 (α≤90°)		
G7	工作台沿 x 轴方向移动对工作台面基准（平行槽）的平行度	0.03/300		
G8	工作台沿 x 轴方向移动对 y 轴方向的工作垂直度	0.04/300		
P1	M 面平行度	0.025		
	M 面对加工精度面 E 的平行度	0.03		
	N 面和 M 面的相互垂直度			
	P 面和 M 面的相互垂直度			
	N 面和 P 面的垂直度	0.030/20		
	N 面和 E 面的垂直度			
	P 面和 E 面的垂直度			
P2	通过 x、y 坐标的圆弧插补对圆周面进行精铣的圆度	0.04		

2）数控车床几何精度检验

几何精度检测的项目一般包括直线度、垂直度、平面度、俯仰与扭摆和平行度等。

（1）床身导轨的直线度和平行度

检验工具为精密水平仪，检验步骤如下纵向导轨调平后，床身导轨在垂直平面内的直线度检验方法，如图1-19所示。水平仪沿z轴方向放在拖板上，沿导轨全长等即离地在各位置上检验。记录水平仪的读数，并用作图。

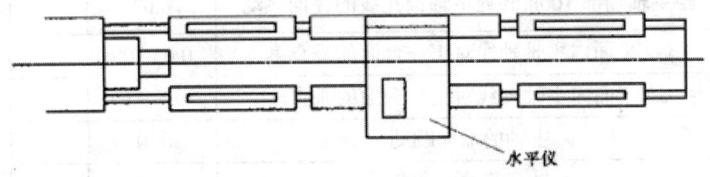

图1-19　在垂直面内床身导轨的直线度测量

计算出床身导轨在垂直平面内的直线度误差。

横向导轨调平后，床身两导轨平行度的检验方法，如图1-20所示。水平仪沿x轴方向放在拖板上，在导轨上移动拖板，记录水平仪读数，其读数最大值即为床身导轨的平行度误差。

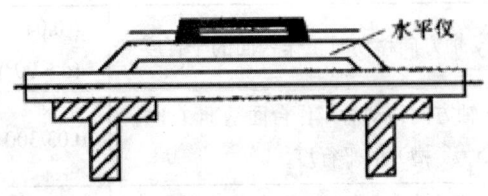

图1-20　横向导轨调平后床身导轨的平行度测量

（2）拖板在水平平面内移动的直线度

检验工具是验棒和百分表，检验方法如图1-21所示。

①将验棒顶在主轴和尾座顶尖上；

②再将百分表固定在拖板上，百分表水平触及验棒母线；

③全程移动拖板，调整尾座，使百分表在行程两端读数相等，检测拖板移动在水平平面内的直线度误差。

（3）尾座移动对拖板二向移动的平行度

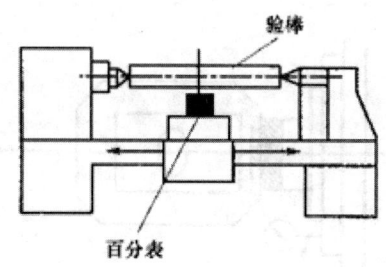

图 1-21　在水平平面内的拖板直线度测量

分别在垂直平面和水平平面内，检测尾座移动对拖板 z 向移动的平行度。

检验工具是两个百分表，检验方法如图 1-22 所示。

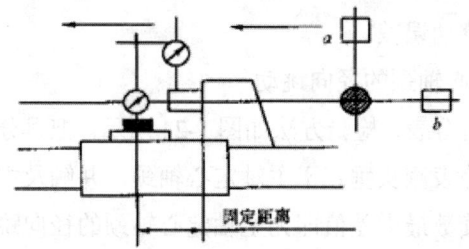

图 1-22　尾座移动对拖板 z 箱移动的平行度检测

①将尾座套筒伸出后，按正常工作状态锁紧，同时使尾座尽可能靠近拖板，把安装在拖板上的第 2 个百分表相对于尾座套筒的端面调整为零。

②拖板移动时也要手动移动尾座直至第 2 个百分表的读数为零，使尾座与拖板相对距离保持不变。

③按此法使拖板和尾座全行程移动，只要第 2 个百分表的读数始终为零，则第 1 个百分表即可指示出相应平行度误差；或沿行程在每隔 300mm 处记录第 1 个百分表读数，百分表读数的最大差值即为平行度误差。

④第 1 个百分表分别在图中 a、b 处测量，误差单独计算，即对应在垂直平面、水平平面的平行度。

（4）主轴跳动

主轴跳动包括：主轴的轴向窜动、主轴轴肩支承面的端面跳动。检验工具是百分表和专用装置，检验方法如图 1-23 所示。

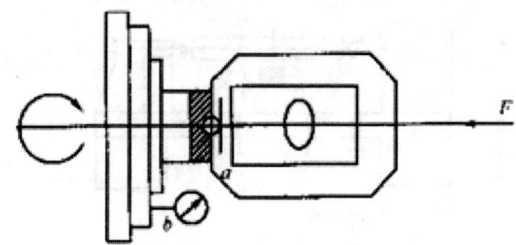

图 1-23　主轴轴肩支撑面的落棉跳动和轴向窜动检测

①用专用装置在主轴线上加力 F（F 的值为消除轴向间隙的最小值），把百分表安装在机床固定部件上，然后使百分表测头沿主轴轴线分别触及专用装置的钢球和主轴轴肩支承面。

②旋转主轴，百分表读数最大差值即为主轴的轴向窜动误差和主轴轴肩支承面的端面跳动误差。

（5）主轴定心轴颈的径向跳动

检验工具是百分表，检验方法如图 1-24 所示。把百分表安装在机床固定部件上，使百分表测头垂直于主轴定心轴颈，并触及主轴定心轴颈；旋转主轴，百分表读数最大差值即为主轴定心轴颈的径向跳动误差。

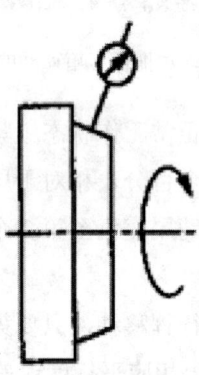

图 1-24　主轴定心轴颈的径向跳动检测

（6）主轴锥孔轴线的径向跳动

检验工具是百分表和验棒，检验方法如图 1-25 所示。将验棒插在主轴的锥孔内，把百分表安装在机床固定部件上，使百分表测头垂直触及验棒表面。旋转主轴，记录百分表的最大读数差值，如图在 a、b 处分别测量。标记验棒与主轴圆周方向的相对位置，取下验棒，同向分别旋转验棒 90°、180°、270° 后重新插入主轴锥孔，在每个位置分别检测。计算 4 次检测的平均值，即为主轴锥孔轴线的径向跳动误差。

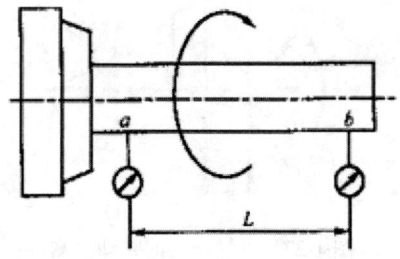

图 1-25 主轴锥孔线饿径向跳动检测

（7）主轴轴线对拖板 z 向移动的平行度

检验工具是百分表和验棒，检验方法如图 1-26 所示。将验棒插在主轴的锥孔内，把百分表安装在拖板（或刀架）上，然后按以下步骤执行：

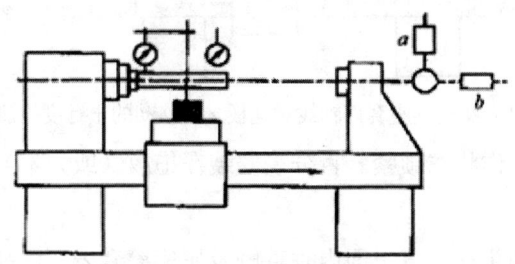

图 1-26 主轴轴线对拖板 z 向移动的平行度检测

①使百分表测头在垂直平面内垂直触及验棒表面（a 位置），移动拖板，记录百分表的最大读数差值和方向；旋转主轴 180°，重复测量一次，取两次读数的算术平均值作为在垂直平面内主轴轴线对拖板 z 向移动的平行度误差。

②使百分表测头在水平平面内垂直触及验棒表面（b 位置），按上述方法重复测量一次，即得在水平平面内主轴轴线对拖板 z 向移动的平行度误差。

（8）主轴顶尖的跳动

检验工具是百分表和专用顶尖，检验方法如图 1-27 所示。将专用顶尖插在主轴的锥孔内，把百分表安装在机床的固定部件上，使百分表的测头垂直触及被测表面，旋转主轴，记录百分表的最大读数差值，即得主轴顶尖的跳动误差。

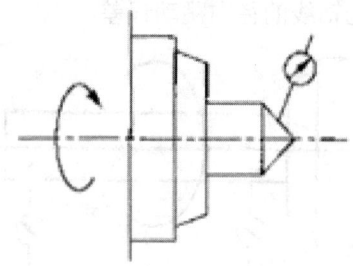

图 1-27　主轴顶尖的跳动检测

（9）尾座套筒轴线对拖板之向移动的平行度

检验工具是百分表，检验方法如图 1-28 所示。将尾座套筒伸出有效长

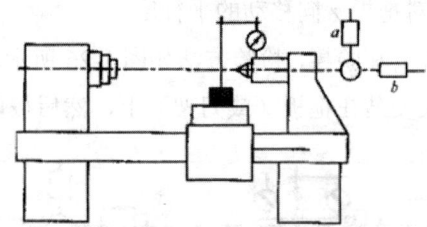

图 1-28　尾座套筒轴线对拖板 z 向移动的平行度检测

度后，按正常工作状态锁紧。百分表安装在拖板（或刀架）上，然后按以下步骤执行：

使百分表测头在垂直平面内垂直触及尾座筒套表面，移动拖板，记录百分表的最大读数差值及方向，即得在垂直平面内尾座套筒轴线对拖板 z 向移动的平行度误差。

使百分表测头在水平平面内垂直触及尾座套筒表面，按上述方法重复测量一次，即得在水平平面内尾座套筒轴线对拖板 z 向移动的平行度误差。

（10）尾座套筒锥孔轴线对拖板 z 向移动的平行度

检验工具是百分表和验棒，检验方法如图 1-29 所示。尾座套筒不伸出并按正常工作状态锁紧；将验棒插在尾座套筒锥孔内，百分表安装在拖板（或刀架）上，然后按以下步骤执行：

①使百分表测头在垂直平面内垂直触及验棒被测表面，移动拖板，记录百分表的最大读数差值及方向．

②取下验棒，旋转验棒 180° 后重新插入尾座套筒锥孔，重复测量一次，取两次读数的算术平均值作为在垂直平面内尾座套筒锥孔轴线对拖板 z 向移动的平行度误差。

③使百分表测头在水平平面内垂直触及验棒被测表面，按上述方法重复测量一次，即得在水平平面内尾座套筒锥孔轴线对拖板 z 向移动的平行度误差。

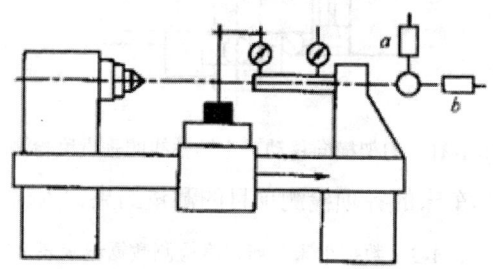

图 1-29　尾座套筒锥孔轴线对拖板 z 向移动的平行度检测

（11）床头和尾座两顶尖的等高度

检验工具是百分表和验棒，检验方法如图 1-30 所示。将验棒顶在床头和尾座两顶尖上，把百分表安装在拖板（或刀架）上，使百分表测头在垂直平面内垂直触及验棒被测表面，然后移动拖板至行程两端，移动小拖板（x 轴），寻找百分表在行程两端的最大读数值，其差值即为床头和尾座两顶尖的等高度误差。测量时应注意方向。

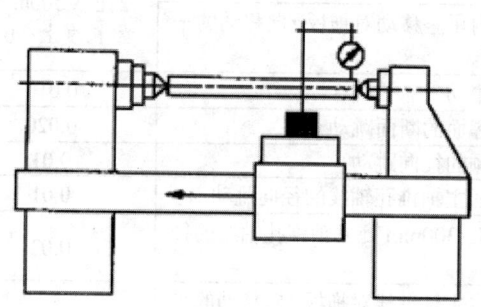

图 1-30　床头和尾座两顶尖的等高度检测

（12）刀架 x 轴方向移动对主轴轴线的垂直度

检验工具是百分表、圆盘和平尺，检验方法如图 1-31 所示。将圆盘安装在主轴的锥孔内，百分表安装在刀架上，使百分表测头在水平平面内垂直触及圆盘被测表面，再沿 x 轴方向移动刀架，记录百分表的最大读数差值及方向；将圆盘旋转 180°，重新测量一次，取两次读数的算术平均值作为刀架横向移动对主轴轴线的垂直度误差。

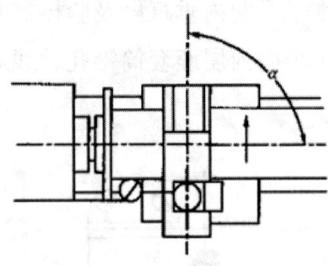

图 1-31　刀架横向移动对主轴轴线的垂直度检测

将上述数控车车床的齐项检测项目的测量结果记入表 1-2 中。

表 1-2　数控车床几何精度检测数据记录表

机床型号	机床编号	环境温度	检验人	检验日期

序号	检验项目		允差范围/mm	检验工具	实测误差/mm
G1	导轨调平	床身导轨在垂直平面内的直线度	0.020（凸）		
		床身导轨在水平面内的平行度	0.04/1000		
G2	拖板在水平平面内移动的直线度		D_c≤500 时：0.015；500<D_c≤1000 时：0.02		
G3	在垂直平面内尾座移动对拖板 z 向移动的平行度		D_c≤1500 时：0.03；在任意 500mm 测量长度上：0.02		
	在水平平面内尾座移动对拖板 z 向移动的平行度				
G4	主轴的轴向窜动		0.010		
	主轴轴扇支撑面的断面跳动		0.020		
G5	主轴定心轴颈的径向跳动		0.01		
G6	靠近主轴端面主轴锥孔轴线的径向跳动		0.01		
	距主轴断面 L=300mm 处主轴锥孔轴线的径向跳动		0.02		
G7	在垂直平面内主轴轴线对拖板 z 向移动的平行度		0.02/300（只许向上向前偏）		
	在水平平面内主轴轴线对拖板 z 向移动的平行度				
G8	主轴顶尖的跳动		0.015		
G9	在垂直平面内尾座套筒锥孔轴线对拖板 z 向移动的平行度		0.03/300（只许向上向前偏）		
	在水平平面内尾座套筒锥孔轴线对拖板 z 向移动的平行度				
G10	在垂直平面内尾座套筒锥孔轴线对拖板 z 向移动的平行度		0.03/300（只许向上向前偏）		

续表

序号	检验项目	允差范围 /mm	检验 工具	实测 误差 /mm
G10	在水平平面内尾座套筒锥孔轴线对拖板 z 向移动的平行度			
G11	床头和尾座两顶尖的等高度	0.04（只许尾座高）		
G12	刀架 x 轴方向移动对主轴轴线的垂直度	0.02/300（α>90°）		
G13	x 轴方向通转刀架转位的重复定位精度	0.005		
	z 轴方向通转刀架转位的重复定位精度	0.01		
P1	精车圆柱试件的圆度	0.005		
	精车圆柱试件的圆柱度	0.03/300		
P2	精车端面的平面度	直径为 300mm 时，0.025（只许可）		
P3	螺距精度	任意 50mm 测量长度± 0.025		
P4	精车圆柱形零件的直径尺寸精度（直径尺寸差）	±0.025		
	精车圆柱形零件的长度尺寸精度	±0.025		

2. 数控机床的定位精度检验

数控机床定位精度，是指测量机床各坐标轴在数控装置控制下的运动所能达到的实际位置精度。数控机床的定位精度又可以理解为机床的实际运动精度，其误差称为定位误差。定位误差包括伺服系统、检测系统、进给系统等的误差，还包括各移动部件的机械传动误差等。即定位精度由数控系统和机械传动误差决定。

数控机床定位精度检验，主要检测单轴定位精度、单轴重复定位精度和两轴以上联动加工出试件的圆度，见表 1-3。

表 1-3　数控机床定位精度检验标准

精度项目	普通型数控机床	精密性数控机床
单轴定位精度/mm	0.02/全长	0.005/全长
单轴重复定位精度/mm	<0.008	<0.003
铣削圆精度（圆度）/mm	0.03~0.04/φ200 圆	0.015/φ200 圆

　　单轴定位精度和重复定位精度综合反映了该轴各运动部件的综合精度。单轴定位精度是指在该轴行程内任意一个点定位时的误差范围，直接反映了机床的加工精度能力；重复定位精度反映了该轴在行程内任意定位点定位的稳定性，是衡量该轴能否稳定可靠工作的基本指标。

　　1）定位精度和重复定位精度的确定

　　（1）国家标准评定方法（B/Tl7421.2-2000）

　　①目标位置：运动部件编程要达到的位置。下标 i 表示沿轴线选择的目标位置中的特定位置。

　　②实际位置 P：（i=0~m，j=l~n）；运动部件第 j 次向第 i 个目标位置趋近时实际测得的到达位置。

　　③位置偏差 x：运动部件到达的实际位置减去目标位置之差。

$$X_{ij}=P_{ij}-P_i$$

　　④单向趋近：运动部件以相同的方向沿轴线（指直线运动）或绕轴线（指旋转运动）趋近某目标位置的一系列测量。符号↑表示从正向趋近所得参数，符号↓表示从负向趋近所得参数，如：x↑或 x↓。

　　⑤双向趋近：运动部件从两个方向沿轴线或绕轴线趋近某目标位置的一系列测量。

　　⑥某一位置的单向平均位置偏差↑或↓：运动部件由 n 次单向趋近某一位置 P_i 所得的位置偏差的算术平均值。

$$\overline{x_i}\uparrow = \frac{1}{n}\sum_{j}^{n} X_{ij}\uparrow \quad 或 \quad \overline{x_i}\downarrow = \frac{1}{n}\sum_{j=1}^{n} X_{ij}\downarrow$$

　　⑦某一位置的双向平均位置偏差：运动部件从两个方向趋近某一位置 P_i 所得的。单向平均位置偏 $\overline{x_i}\uparrow$ 和 $\overline{x_i}\downarrow$ 的算术平均值。

$$\overline{x_i}=(\overline{x_i}\uparrow + \overline{x_i}\downarrow)/2$$

　　⑧某一位置的反向差值 B_i：运动部件从两个方向趋近某一位置时，两

单向平均位置偏差之差。

$$B_i = \overline{x_i}\uparrow - \overline{x_i}\downarrow$$

⑨线反向差值 B 和轴线平均反向差值：运动部件沿轴线或绕轴线的各目标位置的反向差值的绝对值中的最大值即为轴线反向差值。沿轴线或绕轴线的各目标位置的反向差值的 B_i 的算术平均值即为轴线平均反向差值 B。

$$B = \max\left[\,|\,B_i\,|\,\right], \qquad \overline{B} = \frac{1}{m}\sum_{i=1}^{m} B_i$$

⑩在某一位置的单向定位标准不确定度的估算值。通过对某一位置 P_i 的 n 次单向趋近所获得的位置偏差标准不确定度的估算值。即：

$$S_i\uparrow = \sqrt{\frac{1}{n-1}\sum_{j=1}^{n}(x_{ij}\uparrow - \overline{x_i}\uparrow)^2}, \quad S_i\downarrow = \sqrt{\frac{1}{n-1}\sum_{j=1}^{n}(x_{ij}\downarrow - \overline{x_i}\downarrow)^2}$$

⑪在某一位置的单向重复定位精度 $P_i\uparrow$ 或 R_i 及双向重复定位精度 R_i：

$$R_i\uparrow = 4S_i\uparrow, \quad R_i\downarrow = 4S_i\downarrow$$

$$R_i = \max\left[2S_i\uparrow + 2S_i\downarrow + |\,B_i\,|\,; R_i\uparrow ; R_i\downarrow\right]$$

⑫轴线双向重复定位精度尺：

$$R = \max[R_i]$$

⑬轴线双向定位精度 A：由双向定位系统偏差和双向定位标准不确定度估算值的 2 倍（散差±2a）的组合来确定的范围。即：

$$A = \max\left[\overline{x_i}\uparrow + 2S_i\uparrow , \overline{x_i}\downarrow + 2S_i\downarrow\right] - \min\left[\overline{x_i}\uparrow - 2S_i\uparrow , \overline{x_i}\downarrow - 2S_i\downarrow\right]$$

（2）JISB6330-1980 标准评定方法（日本）

①定位精度 A：在测量行程范围内（运动轴）测 2 点，一次往返目标点检测（双向）。测试后，计算出每一点的目标值与实测值之差，取最大位置偏差与最小位置偏差之差除以 2，加正负号（±）作为该轴的定位精度。即：

$$A = \pm 1/2\left\{\max\left[(X_{j\max}\uparrow - X_{j\min}\uparrow), (X_{j\max}\downarrow - X_{j\min}\downarrow)\right]\right\}$$

②重复定位精度 R：在测量行程范围内任取左中右 3 点，在每一点重复测试 2 次，取每点最大值最小值之差除以 2 就是重复定位精度，即：

$$R = 1/2\left[\max (X_{i\max} - X_{i\min})\right]$$

2）数控机床定位精度的检验

定位精度和重复定位精度的测量仪器可以用激光干涉仪、线纹尺、步距规。其中步距规因其操作简单而在批量生产中被广泛采用。

大师点睛　　无论采用哪种测量仪器，在全行程上的测量点数都不应少于 5 点，测量间距 P=i×P+k。其中，P 为测量间距在各目标位置取不同的值，以获得全测量行程上各目标位置的不均匀间隔，保证周期误差被充分采样。

（1）直线运动定位精度检测

①使用步距规测量位置精度。步距规尺寸如图 1-32 所示，尺寸 P_1、P_2、…、P_x，按 57mm 间距设计（此值视不同使用情况有变化），加工后测量出 P_1、P_2、…、P_x 的实际尺寸作为定位精度检测时的目标位置坐标（测量基准）。

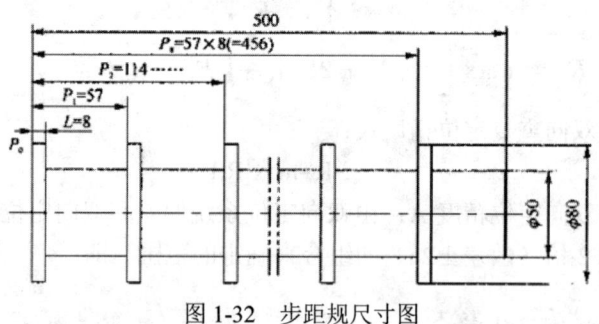

图 1-32　步距规尺寸图

实例展示
以 ZJK2532A 铣床 x 轴定位精度测量为例，测量时将步距规置于工作台上，并将步距规轴线与 x 轴轴线校平行，令 x 轴回零；将杠杆千分表固定在主轴箱上不移动，表头接触在 P0 点，表针置零；用程序控制工作台按标准循环图移动，移动距离依次为 P_1、P_2、…、P_x，表头则依次接触到 P_1、P_2、…、P_x 点，表盘在各点的读数则为该位置的单向位置偏差，按标准循环图测量 5 次，将各点读数（单向位置偏差）记录在记录表中，按国家标准评定方法对数据进行处理，可以确定该坐标的定位精度和重复定位精度。

②使用激光于涉仪测量位置精度

目前,数控机床定位精度和重复定位精度的测量一般采用激光测距仪。

首先编制一个测量运动程序，让机床运动部件每间隔 50～100mm 移动一个点，往复运动 5~7 次，由和测距仪相连的计算机应用软件处理各标准的检测结果。

测量时，首先将反射镜置于机床上不动的某个位置，让激光束经过反射镜形成一束反射光，再将干涉镜置于激光器与反射镜之间，并置于机床的运动部件上，形成另一束反射光，两束光同时进入激光器的回光孔产生干涉；然后根据定义的目标位置编制循环移动程序，记录各个位置的测量值（机器自动记录）；最后进行数据处理与分析，计算出机床的位置精度。

直线运动定位精度一般都在机床和工作台空载条件下进行。常用检测方法如图 1-32 所示。对机床所测的每个坐标轴在全行程内，视机床规格分为每 20mm、50mm 或 100mm 间距正向和反向快速移动定位，在每个位置上测出实际移动距离和理论移动距离之差。

按国家标准和国际标准化组织的规定（ISO 标准），对数控机床的检测应以激光测量为准，如图 1-33（b）所示。目前，许多数控机床生产厂的出厂检验及用户验收检测还是采用标准尺进行比较测量，如图 1-33（a）所示。这种方法的检测精度与检测技巧有关，可控制精度为 0.004～0.005/1000mm 之间，而激光测量的测量精度比标准尺检测方法提高一倍。为了反映出多次定位中的全部误差，ISO 标准规定每个定位点按 5 次测量数据算出平均值和散差±3δ，这时的定位精度曲线已不是一条曲线，而是一个由各定位点平均值连贯起来的一条曲线加上±3δ，散差带构成的定位点散差带，如图 1-34 所示。

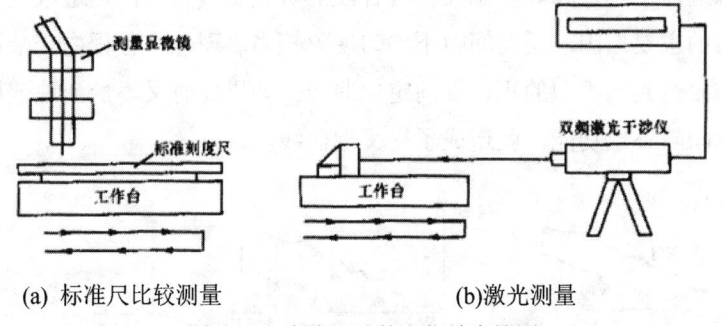

(a) 标准尺比较测量   (b)激光测量

图 1-33 直线运动的定位精度检测

此外，数控机床现有的定位精度都是快速定位测定，这也是不全面的。在进给传动链刚性不好的数控机床上，采用各种进给速度定位时会得到不

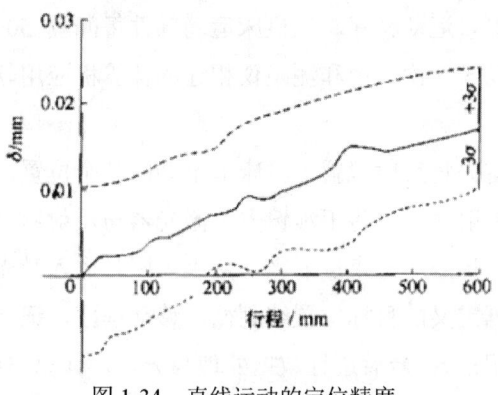

图 1-34　直线运动的定位精度

同的定位精度曲线和不同的反向死区（间隙）。因此，对一些质量不高的数控机床，即使有较高的出厂定位精度检查数据，也不一定能成批加工出高精度的零件。

另外，机床运行时正、反向定位精度曲线，由于综合原因而不可能完全重合，其主要表现为以下三种情况。

平行型曲线。

平行型曲线如图 1-35（a）所示，即正向曲线和反向曲线在垂直坐标系上很均匀地拉开一段距离，这段距离反映出该坐标轴的反向间隙。此时，可以用数控系统间隙补偿功能修改间隙补偿值来使正、反向曲线接近。

交叉型曲线和喇叭型曲线。

交叉型曲线和喇叭型曲线，分别如图 1-35（b）、（c）所示。这两类曲线都是由于被测坐标轴各段反向间隙不均匀造成的。滚珠丝杠在行程内各段间隙过盈不一致和导轨副在行程各段的负载不一致等，是造成反向间隙不均匀的主要原因。反向间隙不均匀现象较多表现在全行程内一端松一端紧，结果得到喇叭型的正、反向定位曲线。如果此时又不恰当地使用数控系统的间隙补偿功能，就造成了交叉型曲线。

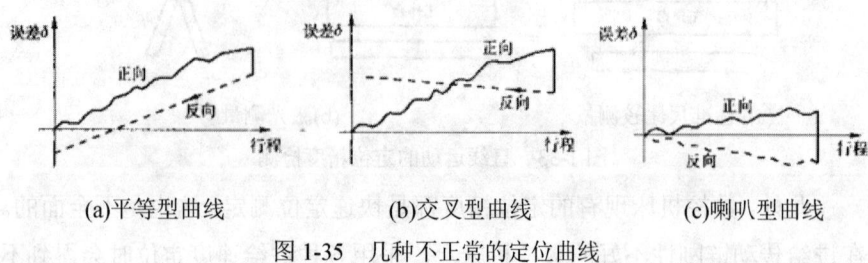

(a)平等型曲线　　　　　(b)交叉型曲线　　　　　(c)喇叭型曲线

图 1-35　几种不正常的定位曲线

测定的定位精度曲线还与环境温度和轴的工作状态有关。目前，大部分数控机床的伺服系统都是半闭环伺服系统，它不能补偿滚珠丝杠的受热伸长量。此伸长量能使定位精度在 1m 行程上相差 0.01~0.02mm。因此，有些机床采用预拉伸丝杠的方法来减少热伸长量的影响。

（2）直线运动重复定位精度的检测

重复定位精度是反映轴运动稳定性的一个基本指标。机床运动精度的稳定性决定了加工零件质量的稳定性和一致性。直线运动重复定位精度的测量可选择行程的中间和两端的任意 3 个位置作为目标位置，每个位置用快速移动定位，在相同条件下从正向和反向进行 5 次定位，测量出实际位置与目标位置之差。如各测量点标准偏差最大值为 7，则重复定位精度为 R=65。

（3）直线运动原点复归精度的检测

数控机床每个坐标轴都要有精确的定位起点，此点即为坐标轴的原点或参考点。原点复归精度实际上是该坐标轴上一个特殊点的重复定位精度，因此其检测方法与重复定位精度的检测方法相同。

为了提高原点返回精度，各种数控机床对坐标轴原点的复归采取了一系列措施，如降速回原点、参考点偏移量补偿等。同时，每次机床关机之后，重新开机都要进行原点复归，以保证机床的原点位置精度一致。因此，坐标原点的位置精度必然比其他定位点精度要高。对每个直线轴，从 7 个位置进行原点复归，测量出其停止位置的数值，以测定值与理论值的最大差值为原点的复归精度。

（4）直线运动反向间隙的检测

坐标轴直线运动的反向间隙，又称直线运动反向矢动量，是该轴进给传动链上的驱动元件反向死区，以及各机械传动副的反向间隙和弹性变形等误差的综合反映，其测量方法与直线运动重复定位精度的测量方法相似。在所测量坐标轴的行程内，预先向正向或反向移动一个距离，并以此停止位置为基准。再在同一方向给予一定的移动指令值，使之移动一段距离，然后再往相反方向移动相同的距离，测量停止位置与基准位置之差，如图 1-36 所示。在靠近行程的中点及两端的 3 个位置分别进行多次测定（一般为 7 次），求出各个位置上的平均值。如正向位置平均偏差为 $\overline{x}\uparrow$ 个，反向位置平均偏差为 $\overline{x}\downarrow$，则反向偏差 $B=|(\overline{X}\uparrow-\overline{X}\downarrow)|_{max}$。这个误差越大，

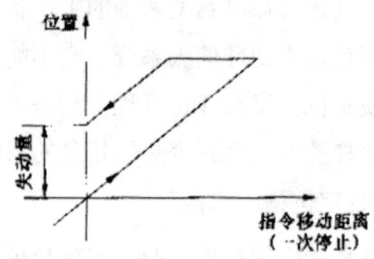

图 1-36　矢动量测定

即矢动量越大，定位精度和重复定位精度就越低。一般情况下，矢动量是由于进给传动链刚性不足，滚珠丝杠预紧力不够，导轨副过紧或松动等原因造成的。要根本解决这个问题，只能调整或修理相关元件。

数控系统都有矢动量补偿功能（一般称反向间隙补偿），最大能补偿 0.20～0.30mm 的矢动量，但这种补偿要在全行程区域内矢动量均匀的情况下，才能取得较好的效果。就一台数控机床的各个坐标轴而言，软件补偿值越大，表明该坐标轴上影响定位误差的随机因素越多，则该机床的综合定位精度不会太高。

（5）回转工作台的定位精度检测

回转工作台定位精度检测的测量工具有标准转台、角度多面体、圆光栅及平行光管（准直仪）等，可根据具体情况选用。测量方法是使工作台正向（或反向）转一个角度并停止、锁紧、定位，以此位置作为基准，然后向同方向快速转动工作台，每隔 3°锁紧定位，进行测量。正向转和反向转各测量一周，各定位位置的实际转角与理论值（指令值）之差的最大值为分度误差。如果是数控回转工作台，应以每 300 为一个目标位置，对于每个目标位置从正、反两个方向进行快速定位 7 次，实际达到位置与目标位置之差即位置偏差，再按《数字控制机床位置精度的评定方法》（GB10931-1989）规定的方法计算出平均位置偏差和标准偏差，所有平均位置偏差与标准偏差最大值的和，与所有平均位置偏差与标准偏差最小值的和之差值，就是数控回转工作台的定位精度误差。

考虑到实际使用要求，一般对 0°、90°、180°、270°等几个直角等分点作重点测量，要求这些点的精度较其他角度位置提高一个等级。

（6）回转工作台的重复分度精度检测

回转工作台的重复分度精度测量方法是在回转工作台的一周内任选 3

个位置重复定位 3 次，分别在正、反方向转动下进行检测。所有读数值中与相应位置的理论值之差的最大值为重复分度精度。如果是数控回转工作台，要以每 300 取一个测量点作为目标位置，分别对各目标位置从正、反两个方向进行 5 次快速定位，测出实际到达的位置与目标位置之差值，即位置偏差，再按 GBl0931-1989 规定的方法计算出标准偏差，各测量点的标准偏差中最大值的 6 倍，就是数控回转工作台的重复分度精度。

（7）数控回转工作台的矢动量检测

数控回转工作台的矢动量，又称数控回转工作台的反向差，测量方法与同转工作台的定位精度测量方法一样。如正向位置平均偏差为 $\overline{Q_i}\uparrow$，反向位置平均偏差为 $\overline{Q_i}\downarrow$，则反向偏差 $B = | (\overline{Q_i}\uparrow - \overline{Q_i}\downarrow) |_{max}$。

（8）回转工作台的原点复归精度检测

回转工作台原点复归的作用同直线运动原点复归的作用一样。复归时，从 7 个任意位置分别进行 10 次原点复归，测定其停止位置的数值，以测定值与理论值的最大差值为原点复归精度。

3）试切加工精度的测量

对于定位精度要求较高的数控机床，一般选用半闭环、甚至全闭环方式的伺服系统，以保证检测元件的精度和稳定性。当机床采用半闭环伺服驱动方式时，其精度和稳定性要受到一些外界因素影响，如传动链中因工作温度变化引起滚珠丝杠长度变化，这必然使工作台实际定位位置产生漂移，进而影响加工件的加工精度。在半闭环控制方式下，位置检测元件放在伺服电动机的另一端。滚珠丝杠轴向位置主要靠一端固定，另一端可以自由伸长，当滚珠丝杠伸长时，工作台就存在一个附加移动量。为保证精度，在些新型中小数控机床上，采用减小导轨负荷（用直线滚动导轨）、提高滚珠丝杠制造梢度、滚珠丝杠两端加载预拉伸和丝杠中心通恒温油冷却等措施，在半闭环系统中也能得到较稳定的定位精度。

铣削圆柱面精度或铣削空间螺旋槽（螺纹),是综合评价数控机床有关数控轴伺服跟随运动特性和数控系统插补功能的指标.评价方法是测量所加工的圆柱面的圆度,也可采用铣削斜方形四边加工法判断两个数控轴的直线插补运动精度。把精加工立铣刀安装到机床主轴，铣削放置在工作台上的圆形试件，然后把加工完成的试件放到圆度仪，检测其加工表面的圆度。如果铣削圆柱面上有明显铣刀振纹，则反映该机床插补速度不稳定；如果铣削的圆度有明显圆度误差，则反映插补运动的两个数控轴的系统增益不匹配。在阅形表面的任意数控轴运动换向的点位上，如果有停刀点痕迹，则说明该轴正反向间隙没有调整好。

3. 数控机床的切削精度检验

数控机床切削精度检验又称为动态梢度检验，其实质是对机床的几何精度和定位精度在切削时的综合检验。

其内容可分为单项切削精度检验和综合试件检验。单项切削精度检验包括直线切削精度、平面切削精度、圆弧圆度、圆柱度等。卧式加工中心切削精度通常检验瞳孔的圆度和圆柱度，端铣刀铣削平面的平面度和阶梯差，端铣刀铣削侧面精度的垂直度和平行度，x 轴方向、y 轴方向和对角线方向的瞳孔孔距精度，锁孔孔径偏差，立铣刀铣削四周面的直线度、平行度、厚度差和垂直度，两轴联动铣削的直线度、平行度和垂直度，立铣刀铣削圆弧时的圆度等项目。

综合试件检验是根据单项切削精度检验的内容，设计一个包括大部分单项切削内容的工件进行试切削，来确定机床的切削精度。通常采用带有"圆形—菱形—方形"标志的铸铁或铝合金标准试件，并用高精度圆度仪及高精度三坐标测量仪完成试件的精度检验。

标准试件的大多数切削运动在 x-y 平面上进行的，存在沿 x-z 和 y-z 平面上的精度大部分没有测定的缺陷。因此，ISO 230 和 ANSI B5.54 提出了采用球杆仪和双频激光干涉仪完成数控车床和数控加工中心综合检测的方法，如图 1-37 所示。

(a)球杆仪外形　　(b)用球杆仪监测数控车床　(c)用球杆仪监测数控加工中心

图 1-37　球杆仪的综合检测

1）加工中心切削精度

卧式加工中心切削精度检测项目及要求见表 1-4。

（1）试孔精度和同轴度

试件上的孔先粗膛一次，然后按单边余量小于 2 进行一次精锉，检测孔全长上各截面的圆度、圆柱度和表面粗糙度。这项指示主要用来考核机床主轴的运动精度及低速走刀时的平稳性。

利用转台 180 分度，在对边各撞一个孔，检验两孔的同轴度，这项指标主要用来考核转台的分度精度及主轴对加工平面的垂直度。

表 1-4　卧式加工中心切削精度检测项目及要求

序号	检测内容及允许误差/mm	检测方法	序号	检测内容及允许误差/mm	检测方法
1	镗孔精度　圆度 0.01　圆柱度 0.01/100	（图，120，φD）	5	立铣刀铣削四周面精度　直线度 0.01/300　平行度 0.02/300　厚度差　垂直度 0.02/300	（图，300×300）
2	端铣刀铣平面精度　平面度 0.01　阶梯差 0.01	（图，300，300，25，2）	6	两轴联动铣削直线精度　直线度 0.015/300　平行度 0.03/300　垂直度 0.03/300	（图，300×300，30°）
3	端铣刀铣侧面精度　垂直度 0.02/300　平行度 0.02/300	（图）	7	立铣刀铣削圆弧精度　轮廓度 0.02	（图，φ250）
4	镗孔孔距精度　x 轴方向 0.02　y 轴方向 0.02　对角线方向 0.03　孔径偏差 0.01	（图，200×200，282.813）			

（2）端铣刀铣平面和侧面精度

端铣刀对试件的同一平面按不小于两次走刀方式铣削整个平面，相邻两次走刀切削约为铣刀直径的 20%。首次走刀时应使刀具伸出试件表面 20%刀具直径，末次走刀应使刀具伸出 1mm 之多。通常是通过先沿 x 轴轴线的纵向运动，后沿 y 轴轴线的横向运动来完成。

（3）瞳孔孔距精度和孔径分散度

孔距精度反映了机床的定位精度和矢动量在工件上的影响。孔径分散度直接受到精瞳刀头材质的影响，为此，精锁刀头必须保证在加工 100 个孔以后的磨损量小于 0.01mm，用这样的刀头加工，其切削数据才能真实反映出机床的加工精度。

（4）立铣刀铣削四周面精度

使 x 轴和 y 轴分别进给，用立铣刀侧刃精铣工件周边。该精度主要考核机床 x 向和 y 向导轨运动几何梢度。

（5）两轴联动铣削直线精度

用 G01 控制 x 和 y 轴联动，用立铣刀侧刃精铣工件周边。该项精度主要考核机床的 x、y 轴直线插补的运动品质，当两轴的直线插补功能或两轴伺服特性不一致时，便会使直线度、对边平行度等精度超差，有时即使几项精度不超差，但在加工面不出现很有规律的条纹，这种条纹在两直角边上呈现一边密、一边稀的状态，这是由于两轴联动时，其中某一轴进给速度不均匀造成的。

（6）圆弧铣削精度

用立铣刀侧刃精铣外圆表面时，要求铣刀从外圆切向进刀，切向退刀，铣圆过程连续不中断。测量圆试件时，常发现图 1-38（a）所示的两半圆错位的图形，这种情况一般都是由一坐标方向或两坐标方向的反向矢动量引起的。出现斜椭圆，如图 1-38（b）所示，是由于两坐标的实际系统增益不一致造成的，尽管在控制系统上两坐标系统增益设置成完全一样，但由于机械部分结构、装配质量和负载情况等不同，也会造成实际系统增益的差异；出现圆周上锯齿形条纹，如图 1-38（c）所示，其原因与铣斜四方时出现条纹的原因类似。

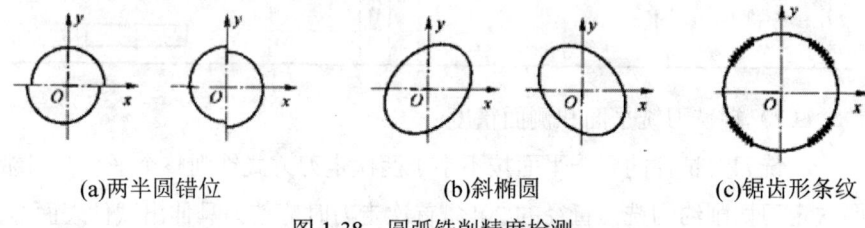

(a)两半圆错位　　　　　　　(b)斜椭圆　　　　　　　(c)锯齿形条纹

图 1-38　圆弧铣削精度检测

（7）过载重切削

在切削负荷大于主轴功率 120%~150% 的情况下，机床应不变形，主轴运转正常。

要保证切削精度，就必须要求机床的定位精度和几何精度的实际误差要比允差小。例如，一台中小型加工中心的直线运动定位允差为 ±01/300mm，重复定位允差 ±0.007mm，矢动量允差 0.015mm，但瞳孔的孔距精度要求为 0.02/200mm。不考虑加工误差，在该坐标定位时，若在满足定位允差的条件下，只算矢动量允差加重复定位允差（0.015mm＋0.014mm～0.029mm），即已大于孔距允差 0.02mm，所以，机床的几何精度和定位精度合格，切削精度不一定合格。只有定位精度和重复定位精度的实际误差远远小于允差，才能保证切削精度合格。因此，当单项定位精度有个别项目不合格时，可以以实际的切削精度为准。一般情况下，各项切削精度的实测误差值为允差值的 50%比较理想。个别关键项目能在允差值的 1/3 左右，可以认为该机床的此项精度是相当理想的。对影响机床使用的关键项目，如果实测值超差，应视为不合格。

2）数控卧式车床的车削精度

对于数控卧式车床，其单项加工精度有：外圆车削、端面车削和螺纹切削。

（1）外圆车削

外圆车削试件如图 1-39 所示。试件材料为 45 钢，切削速度为100~150m/min，背吃刀量 0.1~0.15mm，进给量小于或等于 0.1mm/r，刀片材料 YW3 涂层刀具。试件长度取床身上最大车削直径的 1/2，或最大车削长度的 1/3，最长为 500mm，直径大于或等于长度的 1/4。精车后圆度小于0.007mm，直径的一致性为 200mm 测量长度允差为±0.03mm（机床加工直径小于或等于 800mm 时）。

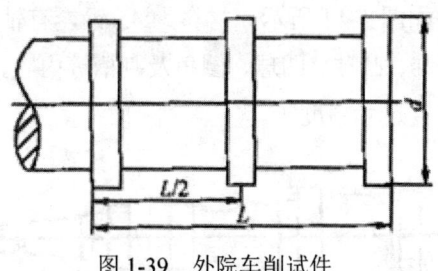

图 1-39　外院车削试件

（2）端面车削

外圆车端面的试件如图 1-40 所示。试件材料为灰铸铁，切削速度0mm/min，背吃刀量 0.1~0.15mm，进给量小于或等于 0.1mm/r，刀片材料为 YW3 涂层刀具，试件外圆直径 d 不小于最大加工直径的 1/2。精车后检验其平面度，300mm 直径上为 0.02mm，只允许凹。

（3）螺纹切削

精车螺纹试验的试件如图 1-41 所示。螺纹长度要大于或等于 2 倍工件

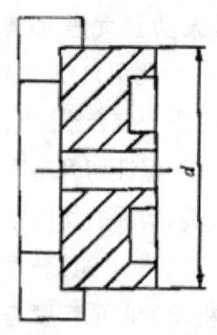

图 1-40　端面车削试件

直径，但不得小于 75mm，一般取 80mm。螺纹直径接近二轴丝杠的直径，螺距不超过 z 轴丝杠螺距的 1/2，可以使用顶尖。精车 60°螺纹后，在任意 60mm 测量长度上螺距累积误差的允差为 0.02mm。

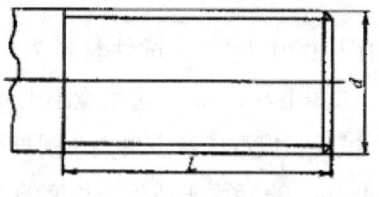

图 1-41　螺纹切削试件

（4）综合试件切削

综合车削试件如图 1-42 所示。材料为 45 钢，有轴类和盘类零件，加工对象为阶台、圆锥、凸球、凹球、倒角及割槽等内容，检验项目有圆度、直径尺寸精度及长度尺寸精度等。

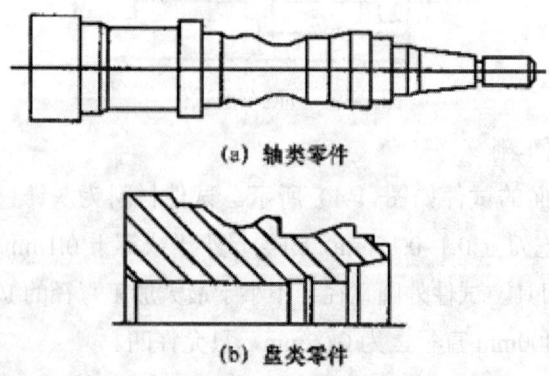

(a) 轴类零件

(b) 盘类零件

图 1-42　综合切削试件

任务 4 数控机床的性能与功能验收

数控机床性能和数控功能直接反映了数控机床各个性能指标，并将影响机床运行的可靠性和正确性，对此方面的检验要全面和细致。

1. 数控机床的性能检验

不同类型的机床，机床性能检验的项目有所不同。机床性能主要包括主轴系统、进给系统、电气装置、安全装置、润滑系统及各附属装置等的性能。如有的机床具有自动排屑装置、自动上料装置、接触式测头装置等，加工中心有刀库及自动换刀装置、工作台自动交换装置等，这些装置工作是否正常、是否可靠都要进行检验。

大师点睛

数控机床性能的检验与普通机床相似，主要通过试运转检查各运动部件及辅助装置在启动、停止和运行中有无异常及噪音，润滑系统、油冷却系统以及风扇等是否正常工作。

实例分析：立式加工中心的主要的检验项目

1. 主轴系统性能检测

检测机床主轴在启动、停止和运行中有无异常现象和噪声，润滑系统及各风扇工作是否正常。

1）用手动方式选择高、中、低 3 个主轴转速，连续进行 5 次正转和反转的启动和停止动作，检验主轴动作的灵活性和可靠性。

2）用数据输入方式，主轴从最低一级转速开始运转，逐级提到允许的最高转速，实测各级转速数，允差为设定值的 ±10%，同时观察机床的振动情况。

3）主轴在长时间（一般取 2 小时）高速运转后，允许温升为 15℃。

4）主轴准停装置连续操作 5 次，检验动作的准确性和灵活性。

2. 进给系统性能检测

检测机床各运动部件在启动、停止和运行中有无异常现象和噪声，润滑系统及各风扇工作是否正常。

1）在各进给轴全部行程上连续做工作进给和快速进给试验，快速行程应大于 1/2 全行程，正、负方向和连续操作不少于 7 次。检测进给轴正、反向的高、中、低速进给和快速移动的启动、停止、点动等动作的平稳性和可靠性。

2）在 MDI 方式下测定 G00 和 G01 下的各种进给速度，允差为设定值的 ±5%。

3）在各进给轴全行程上做低、中、高进给量变换试验。

4）检查数控机床升降台，查看垂直下滑装置是否起作用。检查方法是在机床通电的情况下，在床身固定千分表表座，用千分表测头指向工作台面，然后将工作台突然断电，通过千分表观察工作台面是否下沉，允许变化 0.01~0.02mm。下滑太多会影响批量加工零件的一致性，此时需调整自锁器。

3. 自动换刀或转塔刀架系统性能检测

1）转塔刀架进行正、反方向转位试验以及各种转位夹紧试验。

2）检测自动换刀的可靠性和灵活性。如手动操作及自动运行时，在刀库装满各种刀柄条件下运动的平稳性，所选刀号到位的准确性。

3）测定自动交换刀具的时间。

4. 气压、液压装置检测

1）检查定时定量润滑装置的可靠性，以及各润滑点的油量分配等功能的可靠性。

2）检查润滑油路有无渗漏。

3）检查压缩空气和液压油路的密封、调压性能及压力指示值是否正常。

5. 机床噪声检测

由于数控机床大量采用了电气调速装置，所以各种机械调速齿轮往往不是最大的噪声源，而主轴伺服电动机的冷却风扇和液压系统液压泵的噪声等可能成为最大的噪声源。机床空运转时的总噪声不得超过标准（85dB）。

6. 安全装置检测

1）检查对操作者的安全防护装置以及机床保护功能的可靠性。如各种安全防护罩，机床各进给方向行程极限的软件限位、限位开关、硬件限位的保护功能，各种电流、电压过载保护和主轴电动机过载保护功能等。

2）检查电气装置的绝缘可靠性，检查接地线的质量。

3）检查操作面板各指示灯、电气柜散热扇工作是否正常、可靠。

7. 辅助装置检测

1）进行卡盘夹紧、松开试验，检查其灵活性和可靠性。

2）检查自动排屑装置的工作质量。

3）查冷却防护罩有无泄露。

4）查工作台自动交换装置工作是否正常，试验带重负载时工作台自动交换动作。

5）查配置接触式测头的测量装置能否正常工作，有无相应的测量程序。

2. 数控机床的功能检验

数控功能的检测验收要按照机床配备的数控系统说明书和订货合同的规定，用手动方式或用程序的方式检测该机床应该具备的主要功能。

数控功能检验主要内容有：

1）运动指令功能

检验快速移动指令和直线插补、圆弧插补指令的正确性。

2）准备指令功能

检验坐标系选择、平面选择、暂停、刀具长度补偿、刀具半径补偿、螺距误差补偿、反向间隙补偿、镜像功能、极坐标功能、自动加减速、固定循环及用户宏程序等指令的准确性。

3）操作功能

检验回原点、单程序段、程序段跳读、主轴和进给倍率调整、进给保持、紧急停止、主轴和冷却液的起动和停止等功能的准确性。

4）CRT 显示功能

检验位置显示、程序显示、各菜单显示以及编辑修改等功能准确性。

背景知识

数控系统的功能随所配机床类型而有所不同，同型号的数控系统所具有的标准功能是一样的，但是一台较先进的数控系统所具有的控制功能更为齐全。对于一般用户来说并不是所有的功能都需要，有些功能可以由用户根据本单位生产上的实际需要和经济状况选择，这部分功能称为选择功能。当然，选择功能越多价格越高。

---

3. 数控机床的空载运行检验

使数控机床按特定程序长时间连续运行，是综合检验整台数控机床各种自动运行功能可靠性最好的方法。数控机床在出厂前，一般都要经过 96 小时的自动连续运行，用户在调整验收时，只要做 8~16 小时的自动连续空载运行就可以了。一般来说，机床 8 小时连续运行不出故障，表明其可靠性已基本合格。

大师点睛

空载运行就是让机床在空载条件下，运行一个考机程序，这个考机程序应包括：

①主轴转动要包括标称的最低、中间和最高转速在内 5 种以上速度的正转、反转及停止等运行。

②各坐标运动要包括标称的最低、中间和最高进给速度及快速移动，进给移动范围应接近全行程，快速移动距离应在各坐标轴全行程的 1/2 以上。

③一般自动加工所用的一些功能和代码应尽量使用。

④自动换刀应至少交换刀库中 2/3 以上的刀号，而且都要装上重量在中等以上的刀柄进行实际交换。

⑤必须使用的特殊功能，如测量功能、APC 交换和用户宏程序等。用上述程序连续运行，检查机床各项运动、动作的平稳性和可靠性，并且要强调在规定时间内不允许出故障，否则要在调试后重新开始规定时间考核，不允许分段叠加运行时间。

任务5　数控系统的验收

　　完整的数控系统应包括各功能模块、CRT、系统操作面板、机床操作面板、电气控制柜（强电柜）、主轴驱动装置和主轴电动机、进给驱动装置和进给伺服电动机、位置检测装置及各种连接电缆等。

　　数控系统验收工作是数控机床交付使用前的重要环节，虽然新机床在出厂时已做过检验，但验收并不是简单现场安装、机床调平和试件加工合格便能通过。验收必须经过对机床的几何、位置及加工精度做全面检验。必须在对机床进行性能和功能检验后，才能确保机床的工作性能，完成验收工作。

大师点睛　对于一般的数控机床用户，数控机床验收工作主要根据机床出厂验收技术资料上规定的验收条件，以及实际现场能够提供的检测手段，来部分或全部地测定机床验收资料上的各项技术指标，尤其是机床用户关心的技术指标。检测结果作为该机床的原始资料存入技术档案中，作为今后维修时的技术指标依据。

1. 柜内元器件的紧固检查

　　控制柜（箱）内元器件的线路连接有3种形式，即针型插座、接线端子和航空插头。对于接线端子，适用于各种按钮、变压器、接地板、伺服装置、接线排端子、继电器、接触器及熔断器等元器件的接线，应检查它们接线端子的紧固螺钉是否都已拧紧。检查电气设备中接线端子的压线垫圈及螺钉是否处置不当，是否脱落。

大师点睛　以上情况会造成电器机件卡死或电气短路等故障，不容忽视。

2. 确认输入电源

1）确认输入电源电压和频率

　　我国供电制式是交流380V，三相；交流220V，单相，频率为50Hz。有些国家的供电制式与我国不同，不仅电压幅值不一样，频率也不一样。例如日本，交流三相的线电压是 200V，单相 100V，频率是 60Hz。他们出口的设备为了满足各国不同的供电情况，一般都配有电源变压器。变压器上设有多个抽头供用户选择使用。电路板上设有 50Hz、60Hz 频率转换开关。

大师点睛　　对于进口的数控机床或数控系统一定要先看懂随机说明书，按说明书规定的方法连接。通电前一定要仔细检查输入电源电压是否正确，频率转换开关是否已置于"50Hz"位置。

2）确认电源电压波动范围

检查用户的电源电压波动范围是否在数控系统允许的范围之内。一般数控系统允许电压波动范围为额定值的 85%~110%，而欧美的一些系统要求更高一些。由于我国供电质量不太好，电压波动大，电气干扰比较严重，所以如果电源电压波动范围超过数控系统的要求，需要配备交流稳压器。

大师点睛　　实践证明，采取了稳压措施后会明显地减少故障，提高数控机床的稳定性。

3）确认输入电源电压相序

目前数控机床的进给控制单元和主轴控制单元的供电电源，大都采用晶闸管控制元件，如果相序不对，接通电源可能会使进给控制单元的输入熔丝烧断。

大师点睛　　检查相序的方法主要有以下两种：

①相序表法。用相序表测量的方法，如图 1-43（a）所示。当相序接法正确时相序表按顺时针方向旋转，否则表示相序错误，这时可将 R、S、T 中任意两条线对调就行。

②示波器法。用双线示波器来观察二相之间的波形，方法如图 1-43（b）所示，二相在相位上相差 120°。

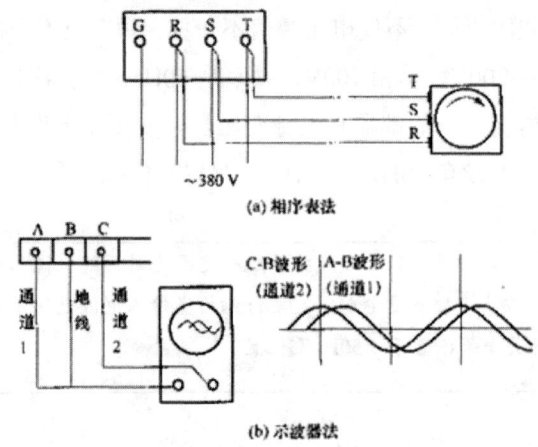

图 1-43　相序测量

4）确认直流电源输出端是否对地短路

各种数控系统内部都有直流稳压电源单元，为系统提供所需的＋5V、±15V、±24V 等直流电压。因此，在系统通电前应当用万用表检查其输出端是否有对地短路现象．如有短路现象必须查出原因，排除问题之后方可通电，否则会烧坏直流稳压单元。

5）接通数控柜电源

检查各处电压在接通电源之前，为了确保安全，可先将电动机动力线断开。这样，在系统工作时不会引起机床运动。但是，应根据维修说明书的介绍，对速度控制单元作一些必要性的设定，不致因断开电动机动力线而造成报警。

接通数控柜电源后，首先检查数控柜中各风扇是否旋转，这也是判断电源是否接通最简便办法。随后检查各印制电路板上的电压是否正常，各种直流电压是否在允许的波动范围之内。

一般来说±24V 允许误差±10%左右，±15V 的误差不超过±10%，对±5V 电源要求较高，误差不能超过±5%，因为±5V 是供给逻辑电路用的，波动太大会影响系统工作的稳定性。

大师点睛

6）检查各熔断器

熔断器的地位相当重要，时时刻刻保护着设备及操作人员的安全。除供电主线路上有熔断器外，几乎每一块电路板或电路单元都装有熔断器，当过负荷、外电压过高或负载端发生意外短路时，熔断器能马上被熔断而切断电源，起到保护设备的作用，所以一定要检查熔断器的质量和规格是否符合要求。

3. 数控系统与机床的接口确认

现代的数控系统一般都具有自诊断的功能，在 CRT 画面上可以显示出数控系统与机床接口以及数控系统内部的状态。在带有可编程控制器（PLC）时，可以反映出从 NC 到 PLC，从 PLC 到 MT（机床），以及从 MT 到 PLC，从 PLC 到 NC 的各种信号状态。至于各个信号的含义及相互逻辑关系，随每个 PLC 的梯形图（即顺序程序）而异。用户可根据机床厂提供的梯形图说明书（内含诊断地址表），通过自诊断画面确认数控系统与机床之间的接口信号状态是否正确。

完成上述步骤，可以认为数控系统已经调整完毕，具备了机床联机通电试车的条件。此时，可切断数控系统的电源，连接电动机的动力线，恢复报警设定，准备通电试车。

4. 数控系统的参数设定确认

1）短路棒的设定

数控系统内的印制电路板上有许多用短路棒短路的设定点，需要对其适当设定，以适应各种型号机床的不同要求。

大师点睛　　一般来说，对于用户购买的整台数控机床，这项设定已由机床厂完成，用户只需确认一下即可。但对于单体购入的数控装置，用户则必须根据需要自行设定。因为数控装置出厂时是按标准方式设定的，不一定适合具体用户的要求。不同的数控系统设定的内容不一样，应根据随机的使用和维修说明书进行设定和确认。

主要设定内容有以下几个部分：

（1）控制部分印制电路板上的设定。包括主板、RM 板、连接单元、附加轴控制板、旋转变压器或感应同步器的控制板上的设定。这些设定与机床回基准点的方法、速度反馈检测元件、检测增益调节等有关。

（2）速度控制单元电路板上的设定。在直流速度控制单元和交流速度控制单元上都有许多设定点，这些设定用于选择检测元件的种类、回路增益及各种报警。

（3）主轴控制单元电路板上的设定。无论是直流或是交流主轴控制单元上，均有一些用于选择主轴电动机电流极性和主轴转速等的设定点。但数字式交流主轴控制单元已用数字设定代替短路棒设定，故只能在通电时才能进行设定和确认。

2）参数的设定

设定系统参数，包括设定 PLC 参数，是当数控装置与机床相连接时，能使机床具有最佳的工作性能。即使是同一种数控系统，其参数设定也随机床而异。数控机床在出厂前，生产厂家已对所采用的 CNC 系统设置了许多初始参数来配合、适应相配套的数控机床的具体状况，但部分参数还需要经过调试才能确定。

数控机床交付使用时都随机附有一份参数表。参数表是一份很重要的技术资料，必须妥善保存，当进行机床维修，特别是当系统中的参数丢失或发生错乱，需要重新恢复机床性能时，参数表是不可缺少的依据。

大师点睛

对于整机购进的数控机床，各种参数已在机床出厂前设定好，无需用户重新设定，但有必要对照参数表进行一次核对。显示已存入系统存储器的参数的方法，随各类数控系统而异，大多数可以通过按压 MDI/CRT 单元上的"PARAM"（参数）键来进行。显示的参数内容应与机床安装调试完成后的参数一致，如果参数有不相符，可按照机床维修说明书提供的方法进行设定和修改。

不同的数控系统参数设定的内容也不一样，主要包括：

（1）有关轴和单位参数的设定，例如设定数控坐标轴数、坐标轴名及规定运动的方向。

（2）各轴的限位参数。

（3）进给运动误差补偿参数，例如运动反向间隙误差补偿参数、螺距误差补偿参数等。

（4）有关伺服的参数，例如设定检侧元件的种类、回路增益及各种报警的参数。

（5）有关进给速度的参数，例如回参考点速度、切削过程中的速度控制参数。

（6）有关机床坐标系、工件坐标系设定的参数。

（7）有关编程的参数。

如果所用的进给和主轴控制单元是数字式的，那么它的设定也都是用数字设定参数，而不用短路棒。此时须根据随机所带的说明书逐一确认。

5. 接通电源状态下的机床状态检查

系统工作正常时，应无任何报警。通过多次接通、断开电源或按下急停按钮的操作来确认系统是否正常。

机床通电前应按照机床说明书的要求给机床润滑油箱、润滑点灌注规定的油液或油脂，清洗液压油箱及过滤器，灌入规定标号的液压油，接通气源等。然后再调机床床身的水平位置，粗调机床的主要几何精度。若是大中型设备，在完成初就位和初步组装的基础上，应调整各主要运动部件与主轴的相对位置，如机械手、刀库及主轴换刀位置的校正，自动托盘交换装置与工作台交换位置的找正等。

机床通电操作可以是一次同时接通各部分电源（全面供电），或各部分分别供电，然后再作总供电试验。对于大型设备，为了更加安全，应采取分别供电。通电后首先观察各部分有无异常，有无报警故障，然后用手动方式依次起动各部件。检查安全装置是否起作用，能否正常工作，能否达到额定的工作指标。

起动液压系统时应先判断液压泵电动机转动方向是否正确，液压泵工作后液压管路中是否形成油压，各液压元件是否正常工作，有无异常噪声，各接头有无渗漏，液压系统冷却装置能否正常工作等等。总之，根据机床说明书资料初步检查机床主要部件，功能是否正常、齐全，使机床各部分都能操作运动起来。

在数控系统与机床联机通电试车时，虽然数控系统已经确认，工作正常无任何报警，但为了预防万一，应在接通电源的同时，作好按压急停按钮的准备，以便随时准备切断电源。例如，伺服电动机的反馈信号线接反了或断线，均会出现机床"飞车"现象，这时就需要立即切断电源，检查接线是否正确。

在正常情况下，电动机首次通电的瞬时，可能会有微小的转动，但系统的自动漂移补偿功能会使电动机轴立即返回。此后，即使电源再次断开、接通，电动机轴也不会转动。可以通过多次通、断电源或按急停按钮的操作，观察电动机是否转动，从而确认系统是否有自动漂移补偿功能。

6. 手轮进给检查各轴运转情况

用手轮进给操作，使机床各坐标轴连续运动，通过 CRT 显示的坐标值来检查机床移动部件的运动方向和距离是否正确；另外，用手轮进给低速移动机床各坐标轴，并使移动的轴碰到限位开关，用以检查超程限位是否有效、机床是否准确停止、数控系统是否在超程时发生报警；用点动或手动快速移动机床各坐标轴，观察在最大进给速度时，是否发生误差过大报警。

7. 机床精度检查

此项检查首先要依据采购合同中的技术协议执行，执行原则是在现场条件允许的情况下尽可能执行所有项检查，至少也要检查对主轴、进给轴的相应项。

8. 机床性能及数控功能检查

此项检查首先要依据采购合同中的技术协议执行，执行原则同样是在现场条件允许的情况下尽可能执行所有项检查，至少也要保证机床的基本性能、系统功能和协议中的用户要求。

9. 验收记录

对现场验收过程中的所有检查结果必须一一记录，对验收出现的所有问题更应做详实记录，包括问题现象、处理过程、处理结果和遗留问题的处理协议。验收记录上要有机床供需双方的责任代表签字，相关方应保留此记录以备日后使用。

项目 2

机床机构检验和调整

【项目描述】　此项目是机修钳工专业的基础，技能要求，是学习的重点。

【项目分析】　通过对实例分析的拆装作业，掌握拆装原则及要领，注意理论指导实践。养成三思而后行的良好习惯，注意安全文明生产。

【项目目标】

①熟练掌握常见事物的拆装要领，能够做到安全文明生产。

②对零件能够正确地实施情洗。

③掌握常用零件的检测方法。

④握常用零件的修理方法。

任务 1　传动机构的检验和调整

1. 检验和调整带传动机构

带传动属于摩擦传动，即将挠性带紧紧地套在两个带轮上，利用传动带与轮之间的摩擦力来传递运动和动力。常用的带传动是 V 带和平带。

1）带传动机构的装配要求和检验

一般带轮孔为过渡配合（H7/k6），有少量过硬，同轴度较高。为传递一定转矩，还需要有坚固件保证周向固定和轴向固定。图 2-1 所示为带轮在轴上的固定方式。装配时，按轴和带轮孔键槽配键，然后清除安装面上的污物，并涂上润滑油，用手锤将带轮轻轻打入，或用螺旋压入工具将带轮压到轴上，注意装配不要装偏、装斜，轴向要装到位。

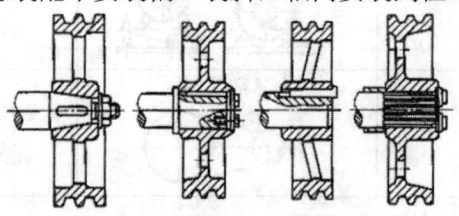

图 2-1　带轮在轴上的固定方式

V 带传动时要求两带轮中间平面应重合，两带轮中心距不大时，可用钢尺检查，中心距较大时可用拉线法检查，如图 2-2 所示。

安装 V 带时，先将其套在小带轮轮槽中，然后套在大轮上，边转动大轮，边用旋具将带轮拨入带轮槽中。装好的 V 带在轮槽中的正确位置见图 2-3。

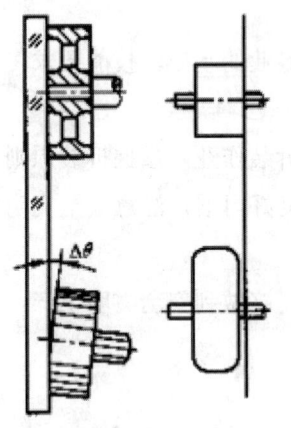

图 2-2　拉线法检查两带轮相互位置　　　图 2-3　V 带在轮槽中的正确位置

带传动是摩擦传动，适当的张紧力是保证带传动正常工作的重要因素。张紧力的大小可按经验确定，即在两带轮中间处用拇指按压三角带，以压下 15mm 左右为宜（见图 2-4）。带传动常用的张紧方法如表 2-1 所示。

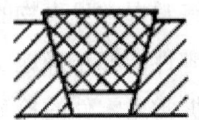

图 2-4　带的张紧检查

表 2-1　带传动常用的张紧方法

张紧方法	图示	说明
调节中心距		通过调节螺栓或电机自重来调节带的张力
用张紧轮		一般用于中心距的带传动，张紧轮用在带的松边

2）带传动机械的调整

机床安装之后，带传动机械容易产生以下不良现象：

（1）两轮不平行

产生原因：安装时产生误差，两轮中心面不在同一面上（见图 2-2）。

调整方法：重新装配传动轮，首先固定好从动轮，以它为基准找好纵横中心线和两轴平行度，两轮的偏移量 V 带轮不应超过 1mm，平带轮不应超过 15mm。

（2）带打滑

产生原因：带松弛、张紧力不够；主动轮初始速度太大。

调整方法：调节张紧装置；截断带或调换带；对带加打带油，增加摩擦力。

（3）跳带或掉带

产生原因：带的局部断裂、磨损；接头歪斜，两端头不在一条直线上；两带轮的轮缘中心线歪斜。

调整方法：换新带；接头拆开，重新缝接或铆接；重新找正。

（4）传动带受力不一致

产生原因：两传动轮不平行，或使用的 V 带规格不一、长度不同。

调整方法：调整两传动轮的轮距和平行度；对规格不同的 V 带进行更换；调整 V 带的拉紧程度。

2. 检验和调整链传动机构

链传动机械是由两个链轮和联接它们的链条组成，通过链和链轮的啮合来传递运动和动力。

1）链传动机构的装配要求和检验

（1）装配链轮在轴上的固定方法，如图 2-5 所示。图 2-5(a)为用键联接并用紧定螺钉固定；图 2-5(b)为圆锥销固定。链轮装配方法与带轮装配方法基本相同。

（2）技术要求

①链轮两轴线必须平行。如果链轮两轴线不平行，会加剧链条和链轮的磨损，降低传动平稳性并增加噪声。两带轮轴线的平行度可用量具检查，如图 2-6 所示，通过测量 A、B 两尺寸来检查其误差。平行度误差为：$\Delta = A - B$。

②两链轮之间轴向偏移量不能太大。一般当两轮中心距小于 500mm 时，轴向偏移量应在 1mm 以下，两轮中心距大于 500mm 时，应在 2mm 以下。装配时可采用钢直尺或拉线法检查。

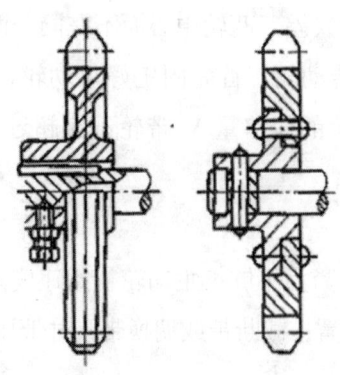

（a）紧定螺钉固定　（b）圆锥销固定

图 2-5　链轮在轴上的固定方法

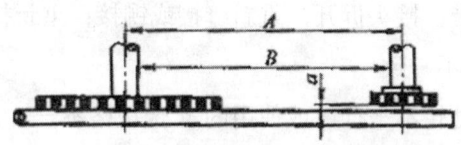

图 2-6　量带轮轴线平行度误差检查

③链轮的允许跳动量必须符合表 2-2 所列数值的要求。链轮跳动量可用划线盘或百分表进行检查，如图 2-7 所示。

表 2-2　链轮的允许跳动量

链轮的直径/mm	套筒滚子链的轮跳动量	
	径向（δ）	端面（α）
100 以下	0.25	0.30
>100~200	0.50	0.50
>200~300	0.75	0.80
>300~400	1	1
400 以下	1.2	1.5

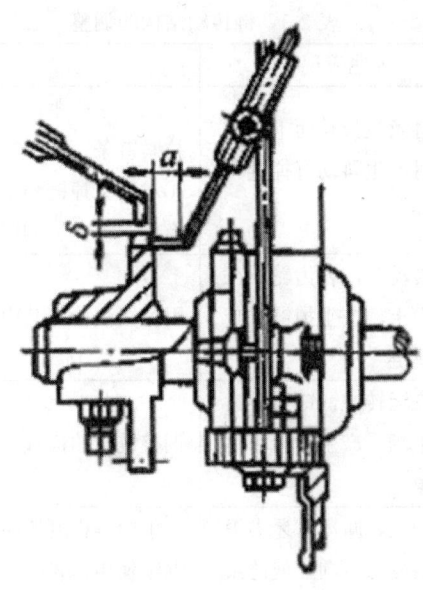

图 2-7   链轮跳动检查

④链条的下垂度要适当。过紧会增加负载，加剧磨损；过松则容易产生振动或脱链现象。检查链条下垂度的方法如图 2-8 所示。如果链传动是水平或稍微倾斜的（在 45°以内）下垂度 f 应≤20%L（L 为二链轮的中心距）。倾斜度增大时，就要减少下垂度；在链垂直放置时，下垂度 f≤0.2%L。

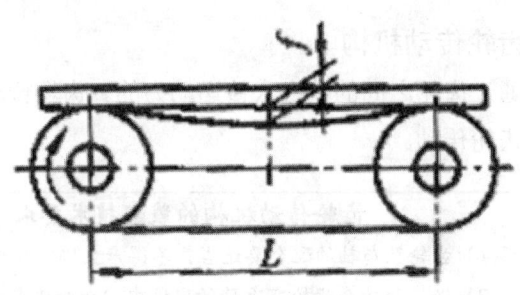

图 2-8   链条下垂度的检查

2）链传动机构的调整

机床安装之后，链传动机构容易产生不良现象，需要调整如表 2-3 所示。

表 2-3　链传动结构的调整

征兆	征兆表现	调整方法
链板组合件磨损	整个链条被拉长而下垂，运转时产生抖动有掉链和卡死现象	①调整中心距，使链条拉紧；②用张紧轮拉紧链条；③拆掉一段链节，拉紧链条；④对严重掉链和卡死现象的链条，应拆下换新，以免加剧链轮的磨损
两链轮间产生轴向偏移或扭歪	链轮传动时，各齿轮不在一平面上，产生掉链、咬链或跳链	用拉线法检查其中心线，重新组装齿轮
传动链跳动	链轮在运转中，链节链齿接触不顺，产生干涉和跳动现象。	调整链轮的齿数或链条的节数，使之匹配
链轮齿形磨损	轮齿趋尖、减薄，牙尖歪向链条受力方向，使链条磨损加剧	①中等程度的磨损，可把链条翻面装上继续使用；②部分轮齿磨损明显，可换位使用；③磨损严重的链轮应换新

大师点睛　调整时必须注意，一般链轮的链齿都采用奇数，而链条的链节都是偶数，如果链轮的链齿数采用偶数时，则链条的链节必须是奇数。这样在传动时，能使链节和链轮传动循环接触良好，保持磨损均匀，传动平稳。

3. 检验和调整齿轮传动机构

齿轮传动是通过齿轮之间的啮合来传递动力的。齿轮传动常用的形式有圆柱齿轮传动和锥齿轮传动。

齿轮传动机构的装配技术要求

大师点睛

1）齿轮孔与轴的配合要适当，不得产生偏心和歪斜现象。

2）保证两啮合齿轮有准确的安装中心距和适当的齿侧间隙。间隙过小齿轮转动不灵活，会加剧齿面的磨损；间隙过大齿轮换向时会产生冲击。齿侧间隙是通过控制两啮合齿轮间的安装中心距来实现的。

3）保证齿轮啮合时，有一定的接触面积和正确的接触部位。接触部位不正确也反映了两啮合齿轮的相互位置误差。

4）滑移齿轮在轴上滑移时，不得发生卡住和阻滞现象。变换机构应保证准确定位，两啮合齿轮的错位量不得超过规定值。

5）对转速高的大齿轮，装配在轴上后，应做平衡试验，以免工作时产生过大的振动。

l) 形状位置精度的检验和调整

（1）齿轮径向圆跳动的检验

①齿轮压装后可用软金属锤敲击的方法检查齿轮是否有径向圆跳动。

②用千分表检验齿轮在轴上的径向圆跳动（见图 2-9）。

检验时，将轴 1 放在平板 2 的 V 形铁 3 上，调整 V 形铁，使轴和平板平行，再把圆柱规 5 放在齿轮 4 的轮齿间，把千分表 6 的触头抵在圆柱规上，即可从千分表上得出一个读数。然后转动轴，再将圆柱规放在相隔 3~4 个牙的齿间进行检验，又可在千分表上得出一个读数。如此便确定在整个齿轮上千分表读数的平均差，该差值就是齿轮分度圆。

（2）齿轮端面圆跳动的检验和调整。检验时，用顶尖将轴顶在中间，把千分表的触头抵在齿轮端面上（见图 2-9(b)），转动轴，便可根据千分表的读数计算出齿轮端面的圆跳动量。如跳动量过大，可将齿轮拆下。把它转动若干角度后再重新装到轴上，这样可以减少跳动量。如果照这样重装了还是不行，则必须修整轴和齿轮。

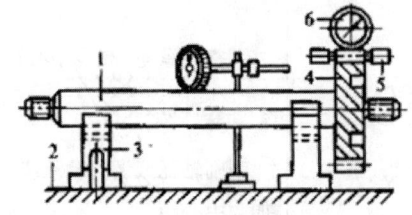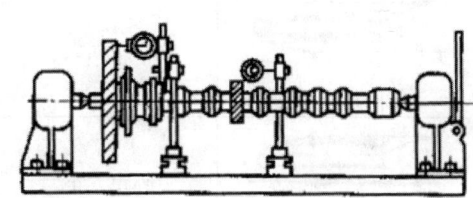

（a）放在 V 形铁上　　　　　　　（b）卡在顶尖上

图 2-9　检验压装后齿轮的圆跳动量

1-轴；2-平板；3-V 形铁；4-齿轮；5-圆柱规；6-千分表

（3）齿轮中心距的检验。齿轮装配时，两轮中心距的准确度直接影响着轮齿间隙的大小，甚至使运转时产生冲击和加快齿轮的磨损或使齿"咬住"。因此，必须对齿轮的中心距进行检验。检验时，可用游标卡尺和内径千分尺进行测量，也可使用专用工具进行检验。

（4）齿轮轴线间平行度和倾斜度（轴线不在一平面内）的检验和调整。

传动齿轮轴线间所允许的平行度和倾斜度，根据齿轮的模数决定。对于第一级的各种不同宽度的齿轮来说，当模数为 1~20mm 时，在等于齿轮宽度的轴线长度内，轴线最大的平行度误差不得超过 0.002~0.020mm。在四级精度的齿轮中，最大平行度误差不得超过 0.05~0.12mm，最大倾斜度误差不得超过 0.035~0.08mm。

如果齿轮轴心线平行度或倾斜度超过了规定范围，则必须调整轴承位置或重新幢孔，或者利用装偏心套等方法消除误差。

2）接触啮合精度的检验和调整齿轮啮合精度的判定

一般是根据接触斑点来进行的。接触斑点是指在安装好的齿轮副中，将显示剂涂在主动齿轮上，来回转动齿轮，在从动轮上显示出来的接触痕迹或亮点，根据从动轮上的痕迹或亮点的形状、位置和大小，就可以判断出齿轮的啮合质量，并确定其调整办法。

表 2-4 至表 2-6 分别为圆柱齿轮、锥齿轮和蜗轮齿面接触斑点的检查及调整方法。

表 2-4　圆柱齿轮接触斑点的检查及调整方法

接触斑点	原因分析	调整方法
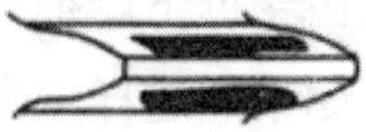 正常接触		
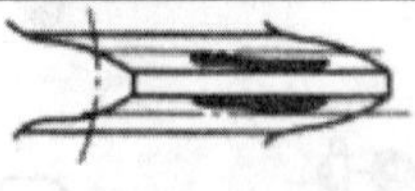 偏向齿顶接触	中心距太大	调整轴承座，减少中心距
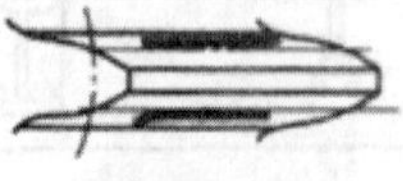 偏向齿根接触	中心距太小	刮削轴瓦或调整轴承座，加大中心距
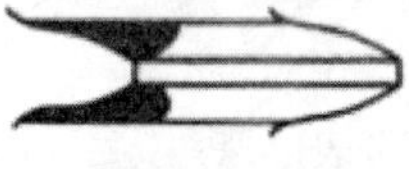 同向偏接触	两齿轮轴线不平行	刮削轴瓦或调整轴承座，使轴线平行
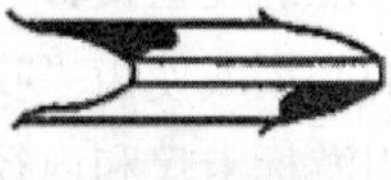 异向偏接触		刮削轴瓦或调整轴承座，修正轴线平行
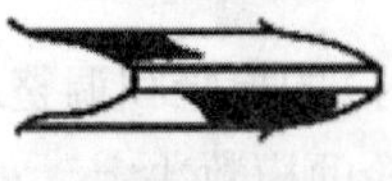 单向偏接触	两齿轮轴线不平行同时歪斜	检查并调整齿轮端面，与回转轴心线保持垂直
	齿面有毛刺或由碰伤凸面	去毛刺、休整齿面

表 2-5　锥齿轮接触斑点的检查及调整方法

图例	痕迹方向	痕迹百分比确定
	在轻载荷下，接触区在齿宽中部，略等于齿宽的一半，稍近于小端，在小齿轮面上较高，大齿轮上较低，但都不到齿轮	
低接触　高接触　高低接触	小齿轮接触区太高，大齿轮太低，原因是小齿轮轴向定位有问题	小齿轮沿轴向移出，如侧隙过大，可将大齿轮沿轴向移动
	小齿轮接触区太低，大齿轮太高，原因同上，但误差方向相反	小齿轮沿轴向移近，如侧隙过小，可将大齿轮沿轴向移出
	在同一齿的一次接触区太高，另一侧低，如小齿轮定位正确且侧隙正常，则为加工不良所致	装配无法调整，需调换零件，若只做单向运动，可按上述两种方法调整，可考虑领一齿侧的接触情况
小端接触　同向偏接触	两齿轮的齿侧同在小端接触，原因是轴线交角太大	不能用一般方法调整，必要时修刮轴瓦
	同在大端接触，原因是轴线交角太小	
大端接触　小端接触　异向偏接触	大小两齿轮在齿的一侧大端接触，原因是两轴心线有偏移	应检查零件加工，必要时修刮轴瓦

表 2-6   蜗齿轮接触斑点的检查及调整方法

接触斑点	症状	原因	调整方法
	正常接触		
	左、右齿面对角接触	中心距大或蜗杆轴线歪斜	调整蜗杆座孔位置（缩小中心距）调整（或修整）蜗杆基面
	中间接触	中心距小	调整蜗杆座孔位置（增大中心距）
	下端接触	蜗杆轴心线偏下	调整蜗杆座孔向上
	上端接触	蜗杆轴心线偏上	调整蜗杆座孔向下
	带状接触	蜗杆径向圆跳动误差大	调换蜗杆轴承（或修刮轴瓦）
		加工误差大	调换蜗轮回采取跑和
	齿根接触	蜗杆与终加工刀具齿形不一致	调换蜗杆
	齿根接触		

4. 联轴器传动机构的检验和调整

联轴器是将两同心轴牢固地连接在一起的机械。联轴器传动机构检验和调整的目的主要是保证两轴的同轴度和联轴器间的端面间隙。

实例分析：凸轮联轴器检验和调整

　　检验联轴器同轴度时，可以制作一个简单的工具，用千分表进行测量找正，如图 2-10 所示。测量找正时，用螺栓将测量工具架固定在左半联轴器上。在未连接成一体的两半联轴器外圈，沿轴向划一直线，做上记号，并用径向千分表和端面千分表分别对好位置。径向千分表对准右半联轴器外圆记号处，端面千分表对准右半联轴器侧面记号处。将两半联轴器记号处于垂直或水平位置作为零位。再依次同时转动两根转轴，回转 90°、180°、270° 并始终保证两半联轴器记号对准。分别记住两个千分表在相应 4 个位置的指针相对零位处的变化值，从而测出了径向圆跳动量 a_1、a_2、a_3、$a_4=0$ 和端面圆跳动量 b_1、b_2、b_3、$b_4=0$，就可以认为 I 轴与 II 轴对中找正了。

　　在测量找正中要注意，上面这种方法只适用于两根转轴没有轴向窜动的情况，因此，在找正前应检查两根转轴的轴向窜动情况。

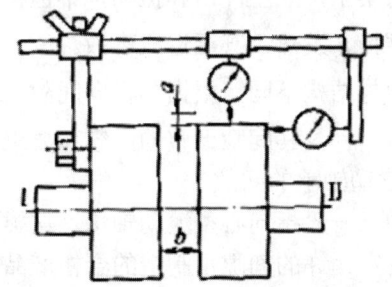

图 2-10　联轴器安装找正

　　当两根转轴有轴向窜动时，测量端面圆跳动量，首先必须在未连成一体的两半联轴器外圈，沿轴向划一直线作为零线后，再将要连接的 II 轴上的右半联轴器外侧表面从零线开始起，分为四等分并标出 1、2、3、4 的号，如图 2-11 所示。这样，就可把右半联轴器的 1 点对准左半联轴器零线，从垂直或者水平零位开始两轴共同旋转。每转 90° 测量一次千分表相对零位处。

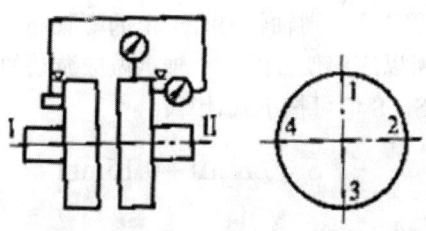

图 2-11　分成四等分示意图

任务2 转动机构的检验和调整

1. 滚动轴承的检验和调整

1）滚动轴承的间隙

滚动轴承的间隙分为径向间隙和轴向间隙。径向间隙可以理解为内外座圈之间在直径方向上可以产生的相对流动量，轴向间隙可以理解为内外座圈之间在轴线方向上可以产生的相对游动量。

滚动轴承应具有必要的间隙，以弥补制造和装配偏差、受热膨胀，使油膜得以形成，以保证其均匀和灵活地运动，否则可能发生卡住现象。但过大的间隙又使载荷集中，产生冲击和振动，不但在工作时产生噪声，还将产生严重摩擦、磨损、发热，甚至造成事故。

滚动轴承的类型与结构不同，根据其径向间隙是否可以进行调整，分为可调型与不可调型两种，其间隙调整的内容和要求也不相同。

（1）不可调型滚动轴承的间隙

不可调型滚动轴承一般指向心型滚动轴承。这类轴承的径向间隙是不可调的。轴承厂按规定允许的间隙量制造的合格产品，在正确合理的装配条件下，能够保证轴承自如转动。不可调型滚动轴承的径向间隙，由于轴承所处的状态不同，间隙也不同。在未安装前自由状态 F 的间隙，叫做原始间隙，原始间隙值可查阅有关技术资料。合格的新轴承是按技术标准生产的，间隙大小超过要求应予更换。检查方法一般可用千分表、塞尺等。当轴承装配后，由于轴承内圈要增大，外圈要缩小，所以装配后的间隙（称装配间隙要比原始间隙值小些），一般要减少 30%左右。当轴承工作时，由于内外圈温度不同，可能使间隙减少，但由于负荷的作用，可以使滚动体和滚道产生微小变形，使间隙加大。一般来说，工作时的间隙（称工作间隙）比装配间隙大一些。不可调型滚动轴承原有的间隙很小，当机器工作时产生热量使温度升高，则轴就要有一定的膨胀伸长量，不能从原有的轴各间隙来解决，所以应该使轴的一个轴承做成游动的，并留有因温度升高而伸长的游动量 S。S 值可按下式计算：

$$S = LK_A \Delta t + 0.15 \text{mm}$$

式中：L——两轴承间的距离（mm）；

K_A——轴材料的线胀系数；

Δt——轴的工作温度与环境温度之差（℃）；

在一般情况下（高温除外），轴各间隙 S 值约为 0.25~0.4mm。

（2）可调型滚动轴承的间隙

可调型滚动轴承一般是指圆锥滚子轴承、向心推力球轴承和双向推力球轴承。这类轴承由于其结构上的特点，其间隙可以通过安装或使用过程中调整轴承座圈的相互位置而得到调整。在一般情况下，保证径向推力球轴承、圆锥滚子轴承以及双向推力球轴承和双联推力球轴承间隙的经验数值如表 2-7 至表 2-9 所示。

表 2-7　径向推力球轴承间隙　　　　　　（单位：mm）

内径	轴向间隙限度	
	轻型	轻宽型中型和中宽型
<30	0.03~0.06	0.03~0.09
30~50	0.03~0.09	0.04~0.10
50~80	0.04~0.10	0.05~0.12
80~120	0.05~0.12	0.06~0.15

表 2-8　圆锥滚子轴承间隙　　　　　　（单位：mm）

内径	轴向间隙限度	
	轻型	轻宽型中型和中宽型
<30	0.03~0.10	0.04~0.11
30~50	0.04~0.11	0.05~0.13
50~80	0.05~0.13	0.06~0.15
80~120	0.06~0.15	0.07~0.18

表 2-9　双向推力球轴承和双联推力球轴承间隙　　（单位：mm）

内径	轴向间隙限度	
	轻型	轻宽型中型和中宽型
<30	0.03~0.08	0.05~0.11
30~50	0.04~0.10	0.06~0.12
50~80	0.05~0.12	0.07~0.14
80~120	0.06~0.15	0.10~0.18

从上述表格中可以看到，这种滚动轴承的轴向间隙的大小与轴套内径、轴承型号（主要是接触角 β 的大小）、轴承之间的距离和安装形式等有关。

向心推力轴承，每一支轴承上安装一套轴承时，轴承间隙考虑了补偿轴的受热膨胀，所以较大。一个支承上安装两套轴承时，轴的另一端则为自由伸缩端，不必考虑轴的受热膨胀，所以间隙较小。当轴承间距不符合表2-7至表2-9中的范围时，可计算其轴的热膨胀量，计算方法与不可调轴承相同。

2）滚动轴承间隙的调整

滚动轴承间隙调整，主要是调整径向间隙和轴向间隙，必须调整到要求值，保证工作时能补偿热胀伸，并形成良好的润滑状态。

通常需要调整的是推力轴承，非推力轴承不需调整。同时，径向间隙和轴向间隙存在一个正比关系，所以只要调整轴向间隙即可。轴承间隙的调整方法是按轴承的结构而定，分三种方式：垫片调整间隙法、螺钉调整间隙法、环形螺母调整间隙法。

（1）垫片调整间隙法（图2-12）

①将轴承端盖拧紧到轴承内、外圈与滚动体间没有间隙为上，可用手转动轴承，感觉发紧即可。

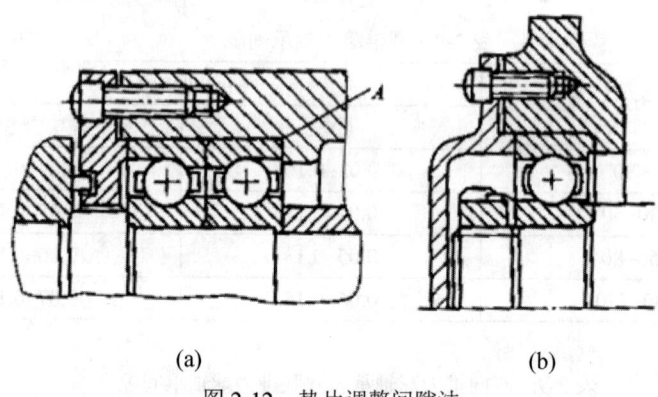

(a)   (b)

图2-12　垫片调整间隙法

②用塞尺测量端盖内端面与座孔端面的间隙值 δ_0，查出轴承要求的间隙值 $\delta_间$，则 $\delta = \delta_0 + \delta_间$ 为垫片厚度。

③拆下端盖，将厚度为 δ 的垫片置于端盖与轴承座圈间，拧紧端盖螺栓即可得到需要间隙。

（2）螺钉调整间隙法（图2-13）

①将端盖上的调整螺钉螺母松开，然后拧紧，调整螺钉压紧止推盘，止推盘将轴承外圈向内推进，使间隙消失（转动轴感觉发紧为止），此时各轴间隙值为零。

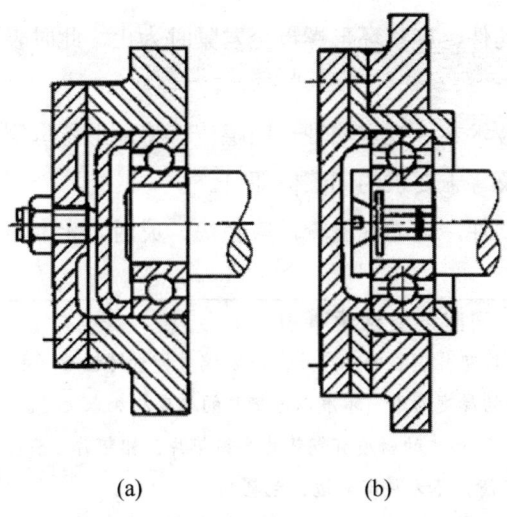

(a)　　　　　　　(b)

图 2-13　螺钉调整间隙法

②根据轴承要求的间隙、螺钉的螺距，将调整螺钉倒转回一定角度，使之等于要求的间隙值，调整后将螺钉上的螺母拧紧即可。

③调整间隙值和螺钉螺距的关系式为：

$$\delta = SA/360°$$

式中：δ——轴承间隙值（mm）；

　　　S——调整螺钉的螺距（mm）；

　　　A——螺钉倒转的角度（°）。

（3）环形螺母调整间隙法（图 2-14）

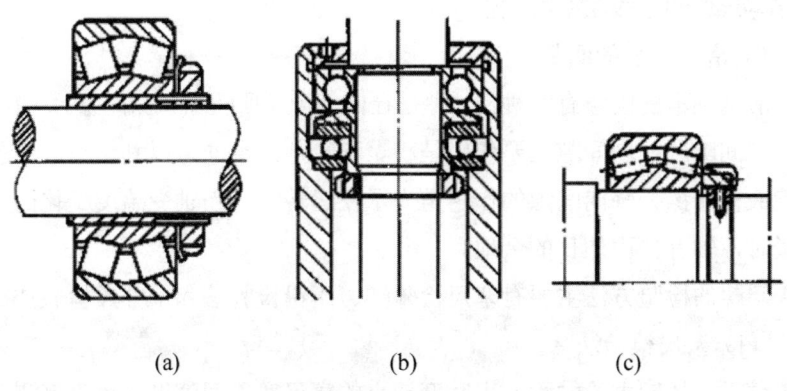

(a)　　　　　　(b)　　　　　　(c)

图 2-14　环形螺母调整间隙法

①拆开止动件，旋紧环形螺母至发紧时为止，此时表示轴承已不存在间隙。

②按设备技术文件规定的轴承间隙值，将环形螺母倒转一定角度，使螺母退出的距离等于要求的间隙值即可。

③锁住止动件，转动轴检查，应轻快、灵活、无卡涩现象。

间隙调整注意事项

大师点睛

1.垫片调整的总厚度，应以端盖拧紧螺栓后（图 2-15）用塞尺检查测量的厚度为准，不准以各垫片的厚度相加来决定。

2.垫片的材质有钢垫片、铜垫片、铝垫片、青壳纸垫片，按要求选用。垫片要平整光滑，不允许有卷边、毛刺和不平现象。

3.调整完成后，调整螺钉螺母和环形螺母必须锁紧，避免发生松动产生间隙变动。

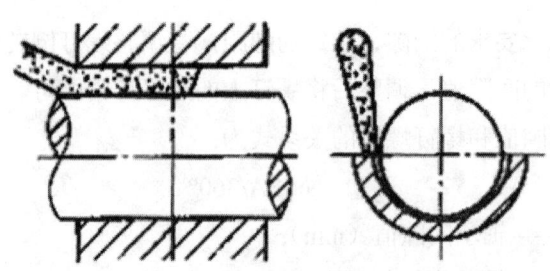

（a）检验顶间隙　　　（b）检验侧间隙

图 2-15　用塞尺检查轴承的间隙

2.滑动轴承的检验和调整

1）滑动轴承的间隙

滑动轴承的间隙有两种：一种是径向间隙（顶间隙和侧间隙），另一种是轴向间隙。径向间隙主要作用是积聚和冷却润滑油，以利于形成油膜，保持液体摩擦。轴向间隙的作用是为了在运转中，当轴受温度变化而发生膨胀时，轴有自由伸长的余地。

间隙的检验方法主要有塞尺检验法、压铅检验法和千分尺检验法。

（1）塞尺检验法

对于直径较大的轴承，用宽度较小的塞尺塞入间隙里，可直接测量出轴承间隙的大小，如图 2-15 所示。轴套轴承间隙的检验，一般都采用这种方法。但对于直径小的轴承，因间隙小，所以测量出来的间隙不够准确，往往小于实际间隙。

（2）压铅检验法

此法比塞尺检验法准确，但较费时间。所用铅丝不能太粗或太细，其直径最好为间隙的 1.5~2 倍，并且要柔软和经过热处理。

检验时，先将轴承盖打开，把铅丝放在轴颈头上和轴承的上下瓦结合处，如图 2-16 所示。然后把轴承盖盖上，并均匀地拧紧轴承盖上的螺钉，而后再松开螺钉，去下轴承盖，用千分尺测量出压扁铅丝的厚度，并用下列公式计算出轴承的顶间隙：

$$顶间隙 = \left(\frac{b_1 + b_2}{2}\right) - \left(\frac{a_1 + a_2 + a_3 + a_4}{4}\right)$$

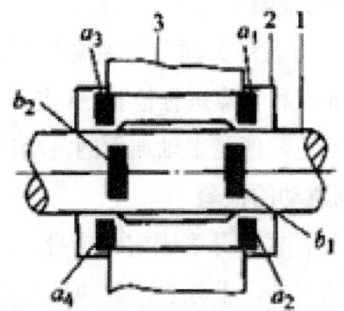

图 2-16　轴承间隙的压铅检验法
1—轴；2—轴瓦；3—轴承座

铅丝的数量，可根据轴承的大小来定。但 a_1、a_2、a_3、b_1、b_2 各处均有铅丝才行，不能只在 b_1、b_2 处放，而 a_1、a_2、a_3、a_4 处不放，如这样做，所检验的结果精不会准确，仍须用塞尺进行测量出轴承两端的螺母可使轴承套在支座中轴向移动，轴承的张开或收缩可调整其径向间隙。在切通的槽内有一条与槽宽相等的耐油橡胶板。检验时，千分表读数的最大差值在规定范围内即为合格。

2）外圆内锥滑动轴承的调整

外圆内锥滑动轴承的结构如图 2-18 所示。调整时，先调整轴向窜动，合格后再调整径向圆跳动。调整轴承两端的螺母即可将轴向窜动量调整到规定范围内。轴承两端的圆螺母，松后紧前可减少其径向圆跳动量，松前紧后可增加其径向圆跳动量。

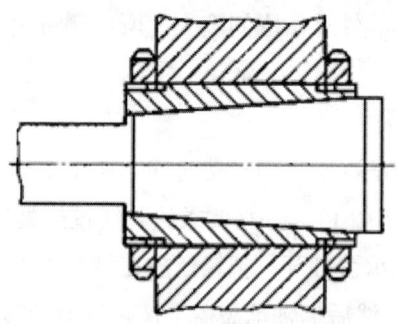

图 2-17 外圆内锥滑动轴承的结构

3. 主轴的检验和调整

转动机构的精度最终体现在主轴上，因此，要对主轴的转动精度进行检验和调整。

1）主轴端面圆跳动的检验

如图 2-18 所示，将千分表铡头顶在主轴端面靠近边缘的地方，转动主轴，分别在相隔 180°的 a 点和 b 点进行检验。a 点和 b 点的误差分别计算，千分表两次读数的最大差值，便是主轴端面圆跳动误差的数值。

2）主轴锥孔径向圆跳动的检验

如图 2-19 所示，将杠杆式千分表固定在床身上，让千分表测头顶在主轴锥孔的内表面上。转动主轴，千分表读数的最大差值就是主轴锥孔径向圆跳动误差的数值。

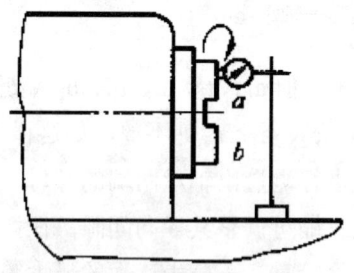

图 2-18 主轴端面圆跳动的检验

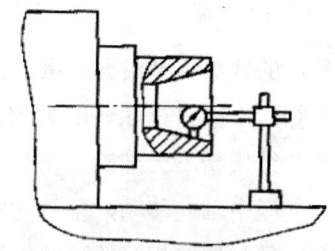

图 2-19 主轴锥孔径向圆跳动的检验

3）主轴轴向窜动的检验

（1）带中心孔主轴的检验。检验其轴向窜动时，可在其中心孔中用黄油粘一个钢球，将平头千分表的测头顶在钢球的侧面，如图 2-20（a）所示，然后转动煮粥，千分表读数的最大差值就是带中心孔的主轴轴向窜动误差的数值。

（2）带锥孔主轴的检验。检验其轴向窜动时，首先在主轴锥孔中插入一根锥柄短检验棒，在检验棒的中心孔中粘一钢球。然后，按照检验带中心的主轴轴向窜动的方法用平头千分表进行检验，如图 2-20（b）所示。

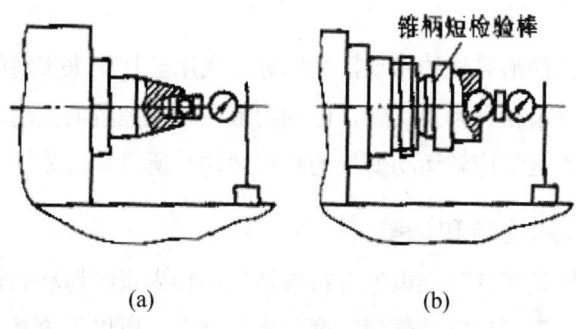

(a)　　　　　　　　　(b)

图 2-20　主轴轴向窜动的检验

4）主轴的调整

下面以车床为例，通过调整其主轴轴承的轴向窜动和径向间隙来提高主轴的转动精度。

图 2-21 为典型的车床主轴轴承位置示意图。主轴前端为调心滚子轴承，轴承的内圈孔和主轴轴颈均为 1:12 的锥度，主轴后端采用了螺钉松开，然后调整螺母，使主轴的窜动调整到规定的范围之内。注意螺母的旋转方向，松开螺母会增大轴向窜动，锁紧螺母才会减少轴向窜动。然后拧紧螺钉，防止螺母松动。然后将主轴前端的螺钉松开，旋转螺母，轴承内圈前移为减少径向间隙；反之，螺母松开后，用木槌向后敲击主轴则径向间隙增大。

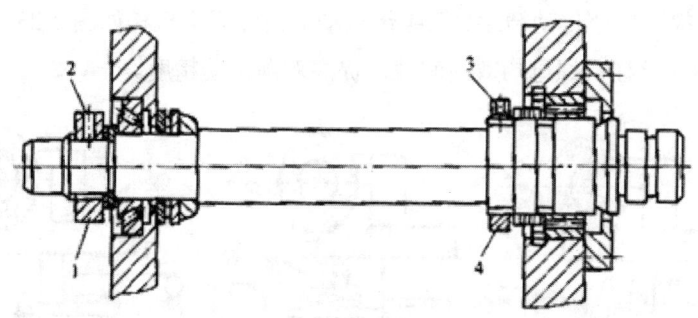

图 2-21　车床主轴轴承位置示意图

1、4—螺母；2、3—螺钉

任务3 运动变换机构的检验和调整

零件或部件沿导轨的移动，大部分是利用丝杠副来实现的，在某些情况下，也通过齿轮和齿条实现，但利用液压传动装置的也越来越多。这些机械的作用就是将旋转运动变换为直线运动，所以称之为运动变换机构。

1. 螺旋机构的检验和调整

螺旋机构是丝杠与螺母配合将旋转运动转为直线运动的机构，其配合精度的好坏，直接决定其传动精度和定位精度，所以无论是装配还是修理调整都应达到一定的精度要求。

1）螺旋机构装配的技术要求

（1）保证丝杠螺母副规定的配合间隙。

（2）丝杠与螺母的同轴度，以及丝杠轴心线与导轨基准面的平行度应符合规定要求。

（3）丝杠的回转精度应符合规定要求。

2）螺旋机械的检验和调整方法

（1）丝杠螺母副配合间隙的测量及调整

轴向间隙直接影响丝杠的传动精度，通常采取消除间隙机械来达到所需的适当间隙。单螺母传动的消除间隙机构如图2-22所示，它通过适当的弹簧力、油压力或重力作用，使螺母与丝杠始终保持单面接触以消除轴向间隙，提高单个传动精度。双螺母传动的消除间隙机构如图2-23所示，它可以消除丝杠和螺母的双向间隙，提高双向传动精度。

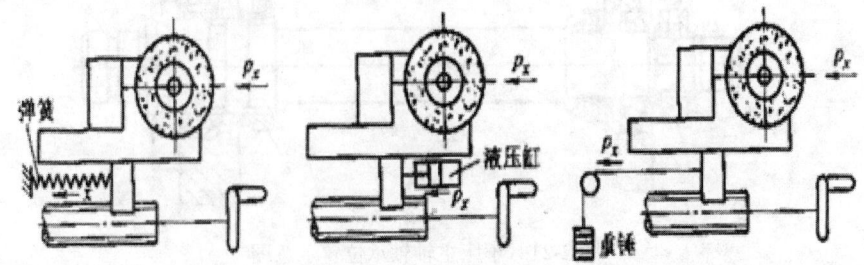

（a）依靠弹簧压力消隙　（b）依靠液压缸压力消隙　　（c）依靠中锤重力消隙

图2-22 单螺母传动的消除间隙机构

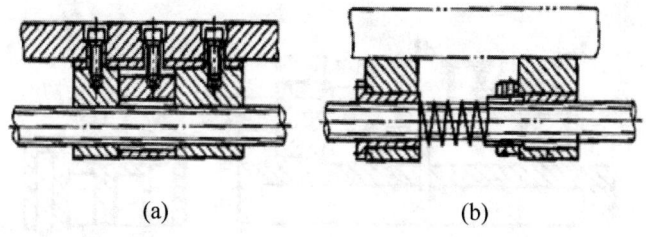

(a)　　　　　　　　　　(b)

图 2-23　双螺母传动的消除间隙机构

测量配合间隙时，径向间隙更能正确反映丝杠螺母的配合精度，故配合间隙常用径向间隙表示。通常配合间隙只测量径向间隙，其测量方法如图 2-24 所示。测量时，将螺母旋至离丝杠一端约 3~5 个螺距处，将百分表测头抵在螺母上，轻轻抬动螺母，百分表指针的摆动差值为径向间隙值。

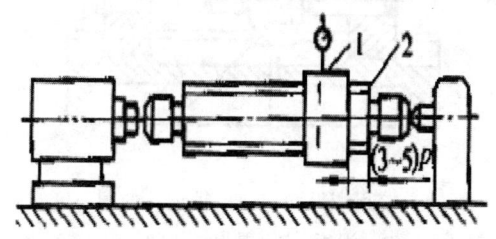

图 2-24　径向间隙的测量

1—螺母；2—四杠

（2）校正丝杠螺母副

同轴度及丝杠中心线对导轨基准面的平行度在成批生产中用专用量具来校正，如图 2-25 所示。修理时则用丝杠直接校正，其对中原理是一致的，方法如图 2-26 所示。校正时，先修刮螺母座 4 的底面，使丝杠 3 的母线 a 与导轨面平行。然后调整螺母座的位置使丝杠 3 的母线 b 与导轨面平行，再修磨垫片 2、7，调整轴承座 1、6，使其顺利自如套入丝杠轴颈，要保证定位因紧后丝杠转动灵活。

（3）丝杠回转精度的调整

回转精度主要由丝杠的径向圆跳动和轴向窜动的大小来表示。根据丝杠轴承种类的不同，调整方法也有所不同。

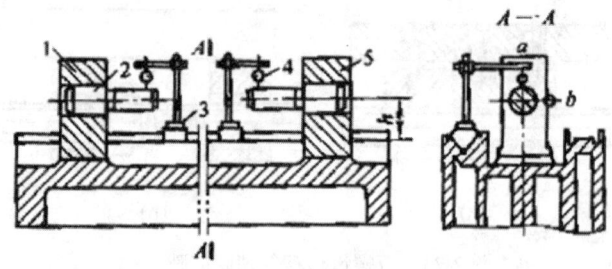

（a）校正前后轴承孔同轴度

1、5—前后轴承孔；2—专用心轴；3—百分表座；4—百分表

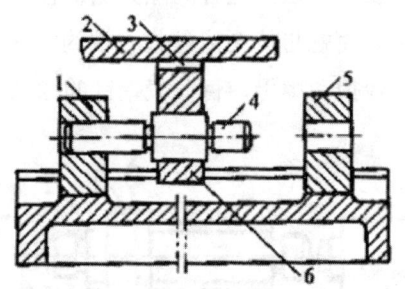

（b）校正螺母孔与前后轴承孔的同心度

1、5—前后轴承孔；2—滑板；3—垫片；4—专用心轴；6—螺母座孔

图 2-25　校正螺母孔与前后轴承孔的同轴度

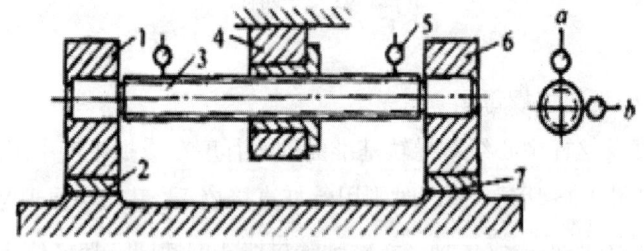

图 2-26　用丝杠直接校正两轴承孔与螺母孔的同轴度

1、6—前后轴承孔；2、7—垫片 3—丝杠；4—螺母座；5—百分表

①用滚动轴承支承时，先侧出影响丝杠径向圆跳动的各零件的最大径向圆跳动量的方向，然后按最小累积误差进行定向装配，并且预紧滚动轴承，消除其原始游隙，使丝杠径向圆跳动量和轴向窜动量为最小。

②用滑动轴承支承时，应保证丝杠上各相配零件的配合精度、垂直度和同轴度等符合要求，具体精度要求和调整方法见表 2-10。

表 2-10 用滑动轴承的丝杠螺母副精度要求和调整方法

装配要求	精度要求	调整及检验方法
保证前轴承座与前支座端面、后轴承与后制作端面接触良好，并与轴心线垂直	1）接触面研点数 12 点/25mm×25mm 研点分布均匀（螺母周围较密） 2）前后支座端面与孔轴心线的垂直度误差不超过 0.005mm	修刮制作端面，并用研具涂色检验，使端面与轴心线的垂直度达到要求
保证前、后轴承与轴承座或支座的配合间隙	配合间隙不超过 0.01mm	测量轴承外圈及轴承座内孔直径，如配合过紧，刮研轴承座孔或支座孔
保证丝杠轴肩与前轴承端面的接触质量	1）轴肩端面对轴心线的垂直度误差不超过 0.005mm 2）接触面积不小于 80%，研点分布均匀	以轴肩端面为基准，配刮前轴承端面
保证推力轴承的配合间隙	1）两端面不平等误差为 0.002~0.01mm 2）表面粗糙度值 Ra 为 0.8μm 3）配合间隙为 0.01~0.02mm	配磨后刮研，推力轴承配合间隙
保证轴承孔与丝杠轴颈的间隙	丝杠轴颈为 φ100mm 时，配合间隙的推荐值为 0.01~0.02mm	分别检验轴承孔与丝杠轴颈直径，如间隙过紧可以刮研轴承孔
前后轴承孔同心	同轴度误差不超过 0.01mm	

典型的滑动轴承支承结构如图 2-27 所示。

大师点睛　在对机床的螺旋机构进行装配和调整时，必须将丝杠机械的矫正工序作为重要的操作。因为机械中丝杠矫正的质量如果得不到保证，那么螺旋机构整个装配和调整质量肯定是达不到要求，而且丝杠矫正的操作也不能进行一次即可，应在装配和调整过程中要进行反复多次校核，一旦发现丝杠矫正质量出现偏差，就必须进行再次矫正，直至最终合格为止。

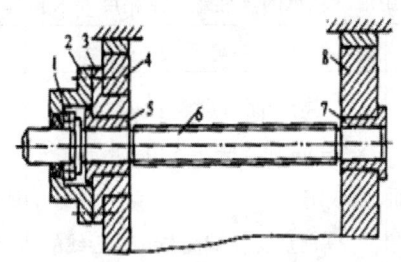

图 2-27 典型的滑动轴承支承结构

1—推力轴承；2—法兰盘；3—前轴承座；4—前支座；
5—前轴承；6—丝杠；7—后轴承；8—后支座

2. 液压传动装置的检验和调整

液压设备重新装配和安装以后，必须经过调试才能使用。液压设备调试时，要仔细观察设备的动作和自动工作循环，有时还要对各个动作的运动参数（力、转矩、速度、行程等）进行必要的测定和试调，以保证系统的工作可靠。此外，对液压系统的功率损失、油温等也应进行必要的计算和测定，防止电动机超载和温升过慢影响液压设备的正常运转。

液压设备调试后，主要工作内容有书面记录，经过核准手续归入设备技术档案，作为以后维修时的原始技术数据。

实例分析：组合钻削机床液压系统调试

如图 2-28 所示为组合钻削机床液压系统。

1）将油箱中的油液加至规定的高度。

2）将系统中阀 1、2 的调压弹簧松开。

3）检查泵的安装有无问题，若正常，可向液压泵灌油。然后起动电动机使泵运动，观察阀 1、2 的出口有无油排出，如泵不排油则应对泵进行检查，如有油且液压泵运转正常，即可往下进行调试。

4）调节系统压力。先调节卸荷阀 2，使压力表 P_1 值达到说明书中的规定值（或根据空载压力来调节）。然后调节溢流阀压力，即逐渐拧紧溢流阀 1 的弹簧，使压力表 P_1 值逐步升高至调定值为止。

5）排除系统中的空气。将行程挡铁调开，按压电磁铁按钮，这时由于空载，卸荷阀 2 和溢流阀 1 关闭，使双联泵的全部流量进入液压缸，于是液压缸在空载下做快速全行程往复运动，将液压系统中的空气排出，然后根据工作行程大小再将行程挡铁调好固紧。同时要检查油箱内油液的油量。

6）若系统起动和返回时冲击过大，可调节电液动换向阀控制油路中的节流阀，使冲击减小。

7）各阀的压力调好以后，便可对液压系统进行负荷运转，观察工作是否正常，噪声、系统温升是否在允许的范围内。

8）工作速度的调节。应将行程阀 3 压下，调节调速阀 4，使液压缸的速度最大，然后再逐渐关小调速阀来调节工作速度。并且应观察系统能否达到规定的最低速度，其平稳性如何，然后按工作要求的速度来调节调速阀。调好后要将调速阀的调节螺母固紧。

9）压力继电器的调节。如图 2-28 所示的压力继电器为失压控制，当压力低于回油路压力 P_2（$P_2 \leqslant 0.5MPa$）压力继电器将返回电磁铁接通，于是工作台返回。因此，压力继电器的动作压力应低于调速阀压力差和快进时的背压。

按上述步骤调整后，如运转正常，即调试完毕。有时根据设备的不同，调试方法和内容也不完全相同，如压力机械需进行超负荷试验，对某些要求高的设备，有时需进行必要的测试等，在达到规定数值后，方允许投入使用。

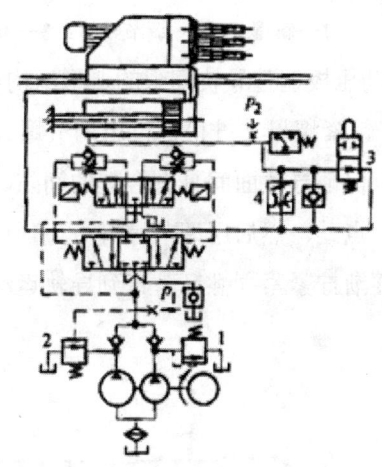

图 2-28　组合钻削机床液压系统

1-溢流阀；2-卸荷阀；3-行程阀；4-调节调速阀

3. 导轨的检验和调整

机床运动方向的变换绝大多数都是在导轨上实现的。

导轨的间隙调整。对于普通机械设备来说，滑动导轨之间的间隙是否合适，通常用 0.03mm，0.04mm 的塞尺在端面部位插入进行检查，要求其插入深度应小于 20mm 如果导轨间隙不合适，必须及时进行调整。导轨间隙调整的常见方法如下：

（1）用斜镶条调整导轨间隙的典型结构如图2-29所示。

斜镶条1在长度方向上一般都带有1:100的斜度。通过调节螺钉2将镶条在长度方向上来回适当移动，就可以使导轨间得到合理间隙。显然，图2-29（a）中的结构调整起来方便简单，但精度稳定性要差一点。图2-29（b）中的结构调整起来麻烦一点，但精度稳定性要好得多。

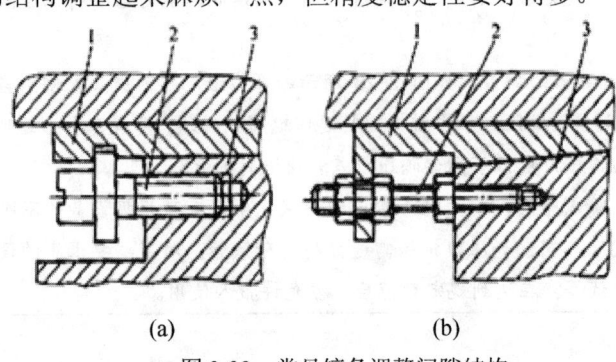

(a)   (b)

图2-29　常见镶条调整间隙结构

1—斜镶条；2—调节螺钉；3—滑动导轨

（2）通过移动压板调整导轨间隙的典型结构如图2-30所示。调整时，先将紧固螺钉4、锁紧螺母2拧松，再用调节螺钉1调整压板3向滑动导轨5方向移动，以保证导轨面间具有合理的间隙。调整中可以先将紧固螺钉略微拧紧，带一点劲，然后用调节螺钉一边顶压板，一边使滑动导轨面进行运动，一边逐渐拧紧紧固螺钉，直到导轨运动正常，导向精度符合要求为止。

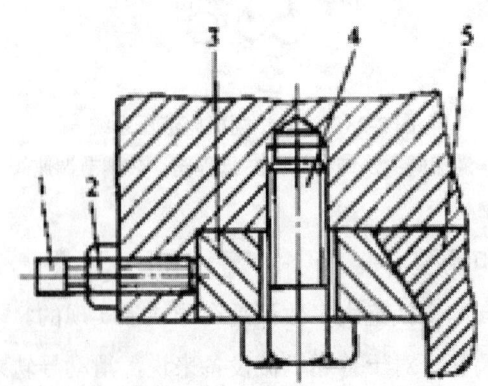

图2-30　移动压板调整导轨间隙的结构

1—调节螺钉；2—锁紧螺母；3—压板；4—紧固螺钉；5—滑动导轨

（3）需要磨刮板结合面，以调整导轨间隙的常见结构如图2-31所示。

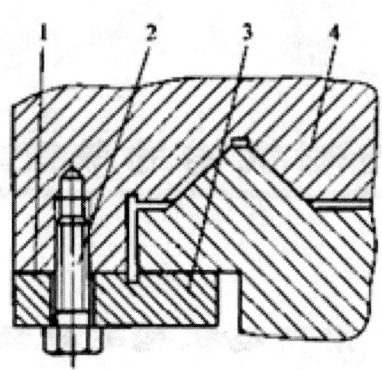

图 2-31　磨刮板结合面调整导轨间隙的结构

1—结合面；2—紧固螺母；3—压板；4—滑动导轨

项目 3

传动机构的装配与修理

任务 1 带传动机构的装配与修理

带传动机构是将传动带紧紧地套在两个带轮上，利用带与带轮之间的摩擦力来传递运动和动力。同齿轮传动相比，它具有传动平稳、噪声低、结构简单、制造容易、可过载保护及适应两轴中心距较大场合等优点。但它传动比不准确（同步齿形带传动除外）、传动效率低，容易磨损。

按带的断面形状不同，带传动分为平带传动、V 带传动、圆形带传动和同步齿形带传动，如图 3-1 所示。

 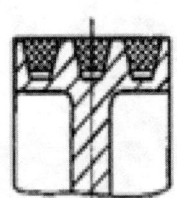 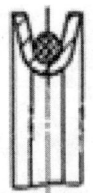

（a）平带传动　　（b）V 带传动　　（c）圆形带传动

（d）同步齿形带传动

图 3-1　带传动

1. 带传动机构的装配技术要求

（1）带轮安装要正确，其径向圆跳动量和端面圆跳动量应控制在规定范围内。

（2）两带轮中间平面应重合，一般倾斜角应小于 1°。

（3）带轮工作面表面粗糙度值大小要适当，一般为 Ra1.6。

（4）带的张紧力要适当，且调整方便。

2. 带与带轮的装配

1）带轮的装配

带轮孔与轴为过渡配合，有少量过盈，同轴度较高，并且用紧固件作周向和轴向固定。带轮在轴上的固定形式如图 3-2 所示。

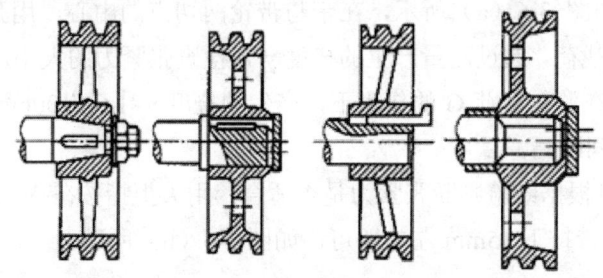

（a）圆锥形轴头连接（b）平键连接（c）楔形连接（d）花键连接

图 3-2 带与轴的链接

带轮与轴装配后，要检查带轮的径向圆跳动量和端面跳动量，如图 3-3 所示。还要检查两带轮相对位置是否正确，如图 3-4 所示。

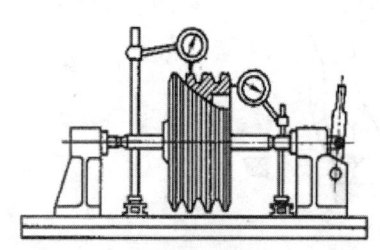
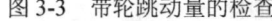
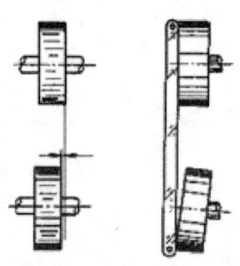

图 3-3 带轮跳动量的检查　　图 3-4 带轮相互位置正确性的检查

2）V 带的安装

安装 V 带时，先将其套在小带轮轮槽中，然后套在大轮上，边转动大轮，边用一字旋具将带拨入带轮槽中。装好后的 V 带在轮槽中的正确位置如图 3-5 所示。

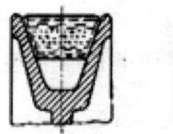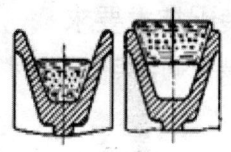

（a）正确　　　　　（b）错误

图3-5　V带在轮槽中的位置

3. 张紧力的控制与调整

带传动是摩擦传动，适当的张紧力是保证带传动正常工作的重要因素。张紧力不足，带将在带轮上打滑，使带急剧磨损；张紧力过大，则会使带寿命缩短，轴与轴承上作用力增大。

1）张紧力的检查

（1）如图 3-6（a）所示，在带与带轮两切点的中心，用弹簧秤垂直于皮带加以载荷，通过测量产生的挠度 y 来检查张紧力的大小。在 V 带传动中，规定在测量载荷 G 的作用下，产生的挠度 y=1.6L/100mm 为适当，L 为两切点间距离。

（2）可根据经验判断张紧力是否适合。用大拇指按在 V 带切边处中点，能将 V 带按下 15mm 左右即可，如图 3-6（b）所示。

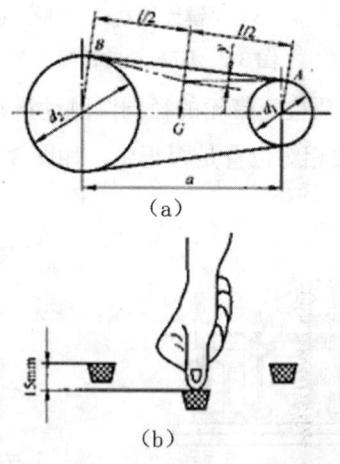

（a）

（b）

图3-6　张紧力的检查

2）张紧力的调整

传动带工作一定时间后将发生塑性变形，使张紧力减小。为能正常地进行传动，在带传动机构中都有调整张紧力的装置，其原理是靠改变两带轮的中心距来调整张力。当两带轮的中心距不可改变时，可使用张紧轮张紧，见表 3-1。

表 3-1　带传动的张紧方法

张紧方法		简图	特点及应用
调整中心距	定期张紧	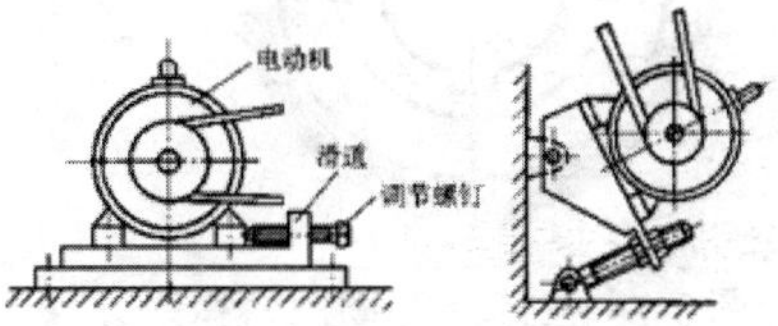 （a）　　　　（b）	这是最简单的通用方法，其中： 图（a）多用于水平或接近水平传动 图（b）多用于垂直或接近于垂直的传动
	自动张紧	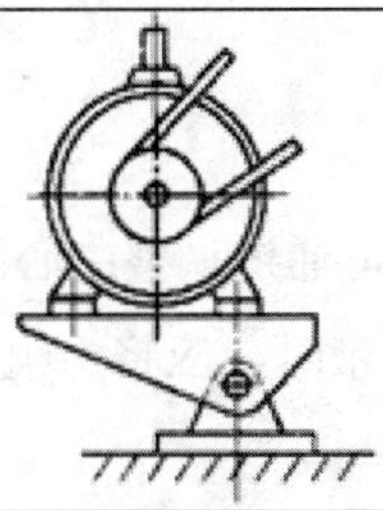	靠电动机的自重或定子的反力矩张紧，多用于小功率的传动。应使电动机和带轮的转向和有利于减轻配重或减小偏心距
张紧轮	定期张紧	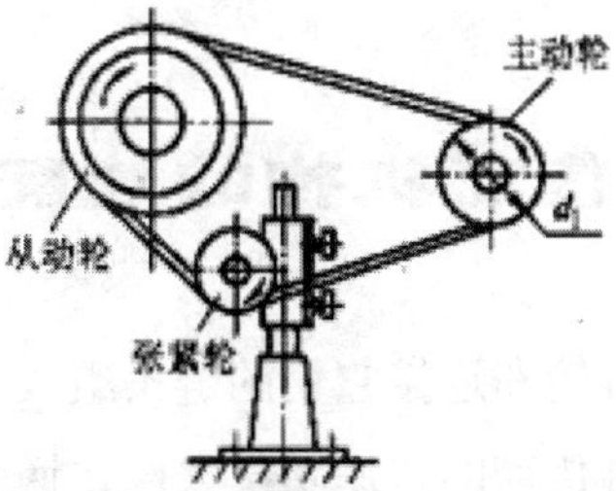	适用于当中心距不便调整时，可任意调节张紧力的大小，但影响带的寿命，不能逆转。张紧轮的直径 $d \geq$（$0.8 \sim 1$）d_1，应装在带的松边

4. 带传动机构的修理

带传动机构常见的损坏形式有轴颈弯曲、带轮孔与轴配合松动、带轮槽磨损、带轮拉长或断裂、带轮崩裂等。

1）轴颈弯曲

用划针盘或百分表检查弯曲程度，采用矫直或更换方法修复。

2）带轮孔与轴配合松动

当带轮空或轴颈磨损量不大时，可将轮孔用车床修圆修光，轴颈用镀铬、堆焊或喷镀法加大直径，然后磨削至配合尺寸。当轮孔磨损严重时，可将轮孔镗大后压装衬套，用骑缝螺钉固定，加大新的键槽，如图 3-7 所示。

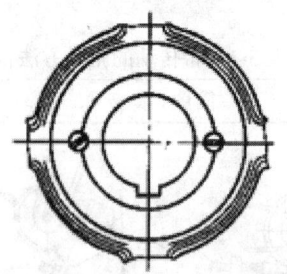

图 3-7　在带轮孔中压去衬套

3）带轮槽磨损

可适当车深轮槽并修整轮缘。

4）V 带拉长

V 带拉长在正常范围内时，可通过调整中心距张紧。若超过正常的拉伸量，则应更换新带。更换新 V 带时，应将一组 V 带一起更换。

5）带轮崩碎

应更换新带轮。

任务 2　链传动机构的装配与修理

链传动机构是由两个链轮和连接它们的链条组成，通过链条与链轮的啮合来传递运动和动力。链传动的传递功率大，传递效率高，能保证准确的平均传动比，适合于在低速、重载和高温条件以及尘土飞扬、淋水、淋油等不良环境中工作，但安装维护要求较高，无过载保护作用。链传动机构按工作性质的不同，可分为传动链、起重链和牵引链三种。

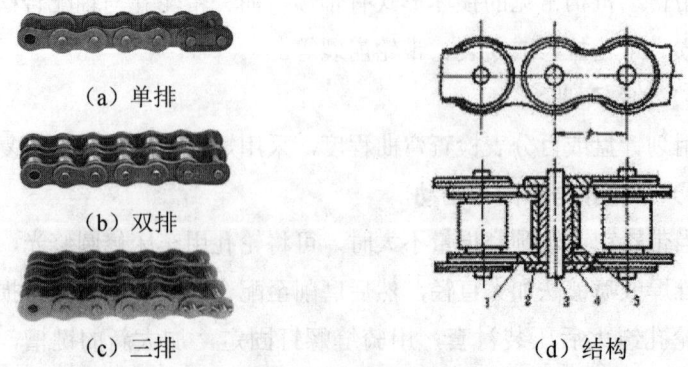

（a）单排

（b）双排

（c）三排

（d）结构

图 3-8　滚子链

1—内链片；2—外链片；3—销子；4—衬套；5—滚子

常用的传动链有滚子链（图 3-8）和齿形链（图 3-9）。滚子链与齿形链相比，噪声大、运动平稳性差、速度低，但结构简单、成本低，所以应用广泛。

图 3-9　齿形链

1. 链传动机构装配的技术要求

（1）链轮的两轴线必须平行，其允差为沿轴长方向 0.5mm/m。

（2）两链轮的中心平面应重合轴向偏移量不能太大，一般当两轮中心距小于 500mm 时，轴向偏移量应在 1mm 以下，两轮中心距大于 500mm 时，应在 2mm 以下。两链轮轴线平行度及轴向偏移量的测量方法如图 3-10 所示。

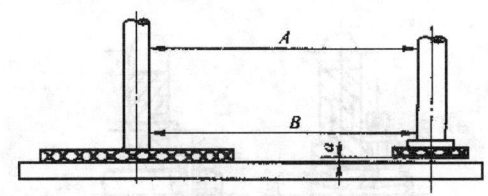

图 3-10　两链轮轴向平行度及轴向偏移量的测量

（3）链轮的跳动量，跳动量可用划针盘或百分表进行检验，如图 3-11 所示。

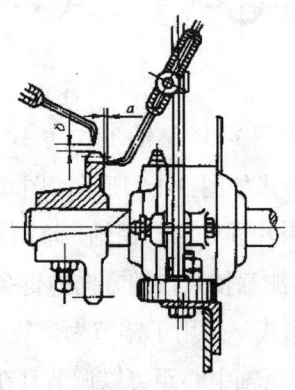

图 3-11　链轮跳动量的检验

（4）链条的下垂度要适当，检查链条下垂度的方法如图 3-12 所示。如果链传动为水平或稍倾斜（45°以内），下垂度 f 应不大于 2%L（L 为两链轮中心距）。倾斜度增大时，就要减小下垂度。在链垂直放置时，f 应小于 0.2%L。

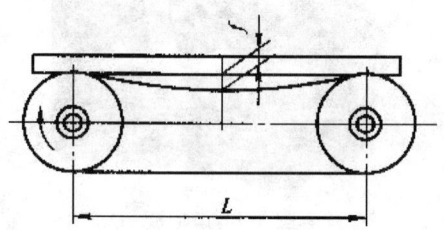

图 3-12　链轮下垂度的检查

2. 链传动机构的装配

链传动机构的装配内容包括：链轮与轴的装配、两链轮相对位置的调整、链条的安装和链条张紧力的调整。

链轮与轴的配合为过渡配合，链轮在轴上的固定方法如图 3-13 所示。装配后应检查链轮的跳动，检查两轴线平行度和轴向偏移量。

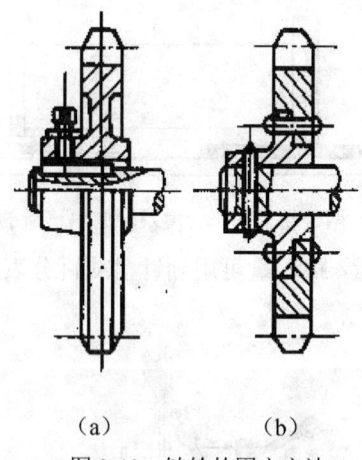

（a）　　　　（b）

图 3-13　链轮的固定方法

套筒滚子链的接头形式如图 3-14 所示，图（a）为用开口销固定活动销轴，图（b）为用弹簧卡片固定活动销轴，这两种形式都在链节为偶数时使用。使用弹簧卡片时要注意使开口端方向与链条的速度方向相反。图（c）为采用过渡链节接合的形式，适用于链节为奇数时。

链条两端的连接。如两轴中心距可以调节且在轴端时，可以预先装好，再装在链轮上。如果结构不允许预先将链条接头连好，则必须先将链条套在链轮上再进行连接，此时须采用专用的拉紧工具，如图 3-15（a）所示。齿形链必须先套在链轮上，再用拉紧工具拉紧后进行连接，如图 3-15（b）所示。

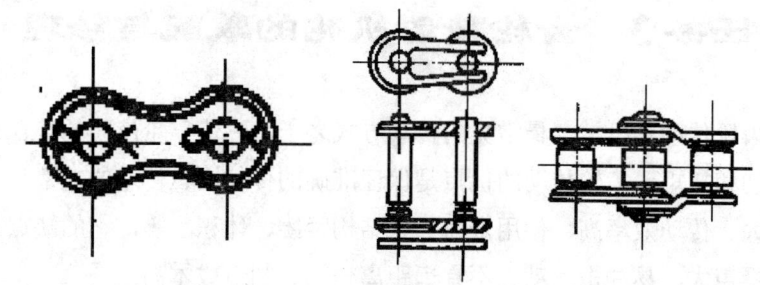

（a）开口销固定　　（b）弹簧卡片固定　　（c）过渡链节接合

图 3-14　套筒滚子链的街头形式

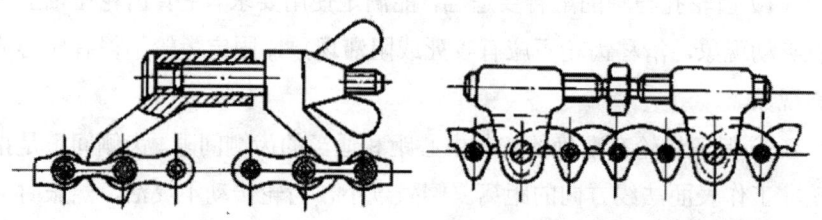

（a）套筒滚子链条的拉紧　　　　（b）齿形链条的拉紧

图 3-15　拉紧链条

3. 链传动机构的修理

链传动机构常见的损坏形式有：链条拉长、链或链轮磨损、链轮轮齿个别折断和链节断裂等。

（1）链条拉长

链条经长时间使用后会被拉长而下垂，产生抖动和掉链，链节拉长后使链和链轮磨损加剧。当链轮中心距可以调整时，可通过调整中心距使链条拉紧；若中心距不能调节时，可使用张紧轮张紧，也可以卸掉一个或几个链节来调整。

（2）链和链轮磨损

链轮牙齿磨损后，节距增加，使磨损加快。当磨损严重时，应更换新的链轮。

（3）链轮轮齿个别折断

可采用堆焊后修锉修复，或更换新链轮。

（4）链节断裂

可采用更换断裂链节的方法修复。

任务3 齿轮传动机构的装配与修理

齿轮传动是机械中最常见的传动方式之一，它依靠轮齿间的啮合来传递运动和扭矩。齿轮传动的优点是保证准确的传动比、传递的功率和速度范围大、传动效率高、使用寿命长、结构紧凑、体积小等，它的缺点是传动时噪声大、易冲击振动、不宜远距离传动、制造成本高。

1. 齿轮传动的装配技术要求

（1）齿轮孔与轴的配合要适当，能满足使用要求。空套齿轮在轴上不得有晃动现象，滑移齿轮不应有咬死或阻滞现象，固定齿轮不得有偏心或歪斜现象。

（2）保证齿轮有准确的安装中心距和适当的齿侧间隙。齿侧间隙是指齿轮非工作表面法线方向的距离。侧隙过小，齿轮传动不灵活，热胀时会卡齿，加剧磨损；侧隙过大，则易产生冲击、振动。

（3）保证齿面有一定的接触面积和正确的接触位置。

（4）在变速机构中应保证齿轮准确的定位，其错位量不得超过规定值。

（5）对转速较高的大齿轮，一般应在装配到轴上后再作动平衡检查，以免振动过大。

2. 圆柱齿轮传动机构的装配

圆柱齿轮的装配一般分两步进行：先将齿轮装在轴上，再把齿轮轴组件装入箱体。

1）齿轮与轴的装配

在轴上空套或滑移的齿轮与轴的配合为间隙配合，装配前应检查孔与轴的加工尺寸是否符合配合要求。

在轴上固定的齿轮，与轴的配合多为过渡配合，有少量过盈以保证孔与轴的同轴度。当过盈量不大时，可采用手工工具压入；当过盈量较大时，可采用压力机压装；过盈量很大时，则需采用温差法或液压套合法压装。

压装时应尽量避免齿轮偏心、歪斜和端面未贴紧轴肩等安装误差,如图3-16所示。

　　齿轮在轴上装好后,对精度要求高的应检查齿轮的径向跳动量和端面跳动量,检查径向跳动的方法如图 3-17 所示。在齿轮旋转一周后,百分表的最大读数与最小读数之差,就是齿轮的径向跳动量。齿轮端面跳动的检查方法如图 3-18 所示。

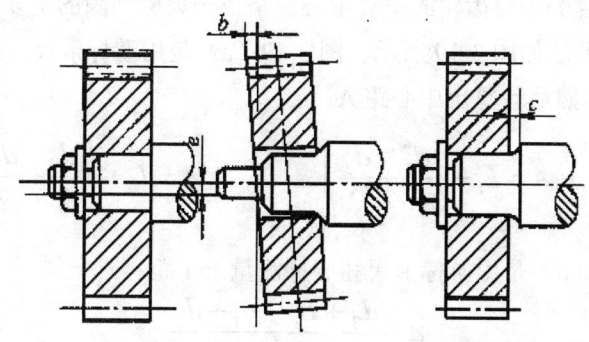

（a）齿轮偏心　　（b）齿轮歪斜（c）齿轮断面未贴紧轴肩

图 3-16　齿轮在轴上的安装误差

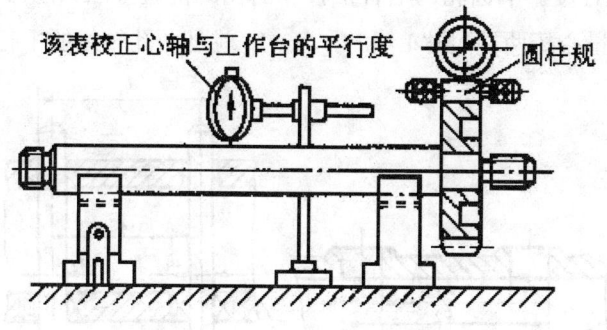

图 3-17　齿轮径向跳动的检查

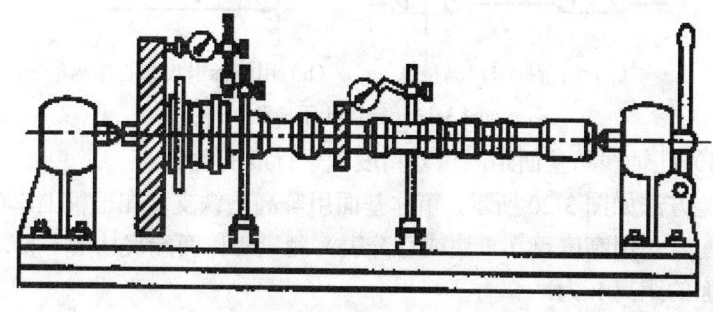

图 3-18　齿轮端面跳动的检查

2）齿轮轴装入箱体

齿轮啮合质量的好坏，除了齿轮本身的制造精度外，箱体孔的尺寸精度、形位精度也对其有直接的影响。所以在齿轮轴组件装入箱体前，应对箱体进行检查。

装前对箱体检查包括：

（1）孔距的检验

相互啮合的一对齿轮的安装中心距是影响齿侧间隙的主要因素。箱体孔距的检验方法如图 3-19 所示。图 3-19（a）是用游标卡尺分别测得 d_1、d_2、L_1、L_2，然后计算出中心距 A：

$$A = L_1 + \left(\frac{d_1}{2} + \frac{d_2}{2}\right) \qquad\qquad A = L_2 - \left(\frac{d_1}{2} + \frac{d_2}{2}\right)$$

图 3-19（b）是用游标卡尺和心棒测量子 1 距：

$$A = \frac{L_1 + L_2}{2} - \frac{d_1 + d_2}{2}$$

（2）孔系（轴系）平行度的检验

孔系平行度影响齿轮的啮合位置和面积。检验方法如图 3-19（b）所示。分别测量心棒两端尺寸 L_1 和 L_2，L_1-L_2 就是两孔轴线的平行度误差值。

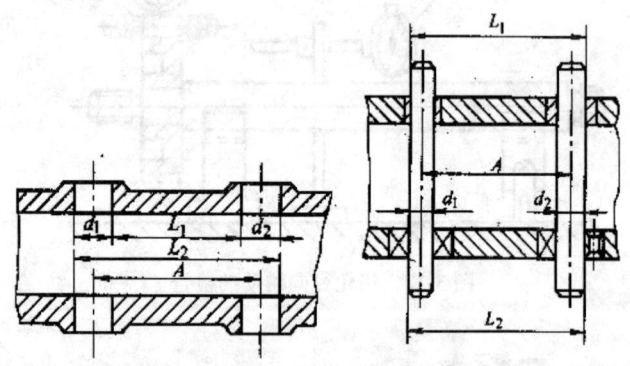

（a）用游标卡尺测量　　　　（b）用游标卡尺和心棒测量

图 3-19　箱体孔距检验

（3）孔轴线与基面距离尺寸精度和平行度的检验

检验方法如图 3-20 所示，箱体基面用等高垫铁支承在平板上，心棒与孔紧密配合。用高度尺（量块或百分表）测量心棒两端尺寸 h_1、h_2，则轴线与基面的距离 h 为：

$$h = \frac{h_1 + h_2}{2} - \frac{d}{2} - a$$

平行度误差 Δ 按下式计算：

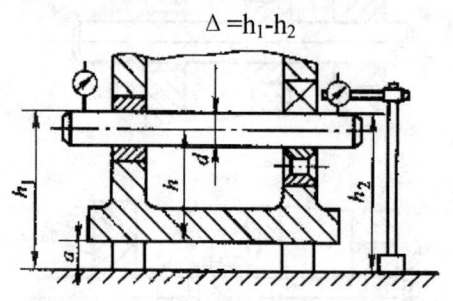

$$\Delta = h_1 - h_2$$

图 3-20　孔轴线与基面的平行度检验

（4）孔中心线与端面垂直度的检验

检验方法如图 3-21 所示。图（a）是将带圆盘的专用心棒插入孔中，用涂色法或塞尺检查孔中心线与孔端面垂直度。图（b）是用心棒和百分表检查，心棒转动一周，百分表读数的最大值与最小值之差，即为端面对孔中心线的垂直度误差。

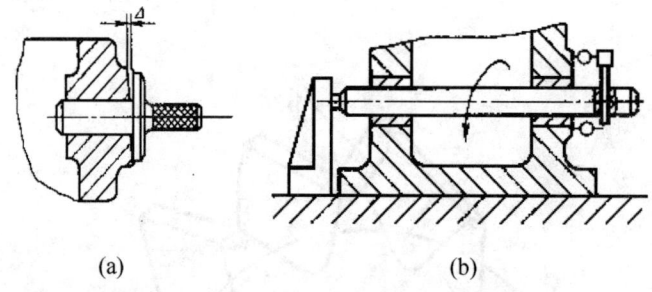

　　　　　（a）　　　　　　　　　　　（b）

图 3-21　孔中心线与端面垂直度的检验

（5）孔中心线同轴度的检验

检验方法如图 3-22 所示。图（a）为成批生产时，用专用心棒检验；图（b）为用百分表及心棒检验。百分表最大读数与最小读数之差的一半为同轴度误差值。

机器修理后的装配，一般对箱体不作检验；但箱体磨损严重或大修理后，应对箱体孔进行检验，检验合格后方可进行装配。

3）齿轮啮合质量的检验

齿轮轴组件装入箱体后，应对齿轮啮合质量进行检验。

齿轮的啮合质量包括齿侧间隙和接触精度两项。

（1）齿侧间隙的检验

齿侧间隙最简单最直观的检验方法是压铅丝法。如图 3-23 所示，在齿

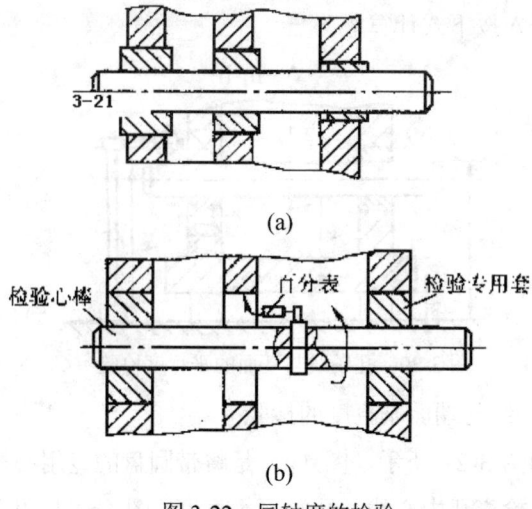

(a)

(b)

图 3-22 同轴度的检验

宽两端的齿面上，平行放两条直径约为齿侧间隙 4 倍的铅丝（宽齿应放置 3~4 条），转动啮合齿轮挤压铅丝，铅丝被挤压后最薄处的厚度尺寸就是齿侧间隙。

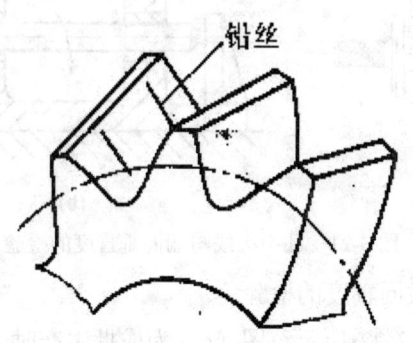

图 3-23 铅丝检验侧隙

（2）接触精度的检验

接触精度指接触印痕面积大小和接触位置，一般用涂色法检验。检验时，将红丹粉涂于齿轮齿面上，然后转动主动齿轮并轻微制动被动齿轮。对于双向工作的齿轮，正反两个方向都要进行检验。

齿轮上接触印痕的面积大小，应根据精度要求而定。一般传动齿轮在齿廓的高度上接触斑点不少于 30%~50%，在齿廓的宽度上不少于 40%~70%，其位置应在节圆处上下对称分布。

影响接触精度的主要因素是齿形制造精度及安装精度。当接触位置正确而接触面积太小时，是由于齿形误差太大所致，应在齿面上加研磨剂并使两齿轮转动进行研磨，以增加接触面积。齿形正确而安装有误差造成接触不良的原因及调整方法见表 3-2。

表 3-2　渐开线圆柱齿轮由安置造成接触不良的原因及调整方法

接触斑点	原因分析	调整方法
正常接触		
	中心距太大	
	中心距太小	
同向偏接触	两齿轮轴线不平行	可在中心距允许的差范围内，刮削轴瓦或调整轴承座
异向偏接触	两齿轮轴线歪斜	
单向偏接触	两齿轮轴线不平行、同时歪斜	
游离接触（在整个齿圈上接触区由一边逐渐导至另一边）	齿轮断面与回转中心线不垂直	检查并校正齿轮断面与回转中心线的垂直度
不规则接触（有时齿面一个点接触，有时在断面变线上接触）	齿面有毛刺或由碰伤隆起	去毛刺、修整

3. 圆锥齿轮传动机构的装配

装配圆锥齿轮传动机构与装配圆柱齿轮传动机构的顺序相似。圆锥齿轮传动机构装配的关键是正确确定圆锥齿轮的两轴夹角、轴向位置和啮合质量的检测与调整。

1）箱体检查

圆锥齿轮传动一般是传递相互垂直两轴之间的运动。将已装配好的两圆锥齿轮轴组件装入箱体之前，需检验箱体两安装孔轴线垂直度和相交程度。

图 3-24 为检验同一平面内两孔中心线垂直度和相交程度的检验方法。图（a）为检验垂直度的方法，将百分表装在心棒 1 上，在心棒 1 上装有定位套筒，以防止心棒轴向窜动，旋转心棒 1，百分表在心棒 2 上 L 长度的两点读数差即为两孔在乙长度内的垂直度误差。图（b）为两孔轴线相交程度检查。心棒 1 的测量端做成叉形槽，心棒 2 的测量端为阶台形，即为过端或止端。检验时，若过端能通过叉形槽，而止端不能通过，则相交程度合格，否则为超差。

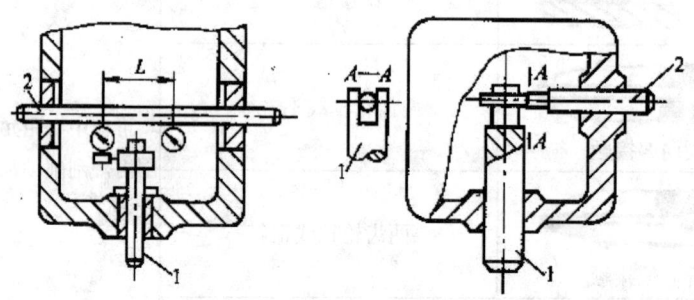

（a）检验垂直度　　　（b）检验两孔轴线相交程度

图 3-24 同一平面内垂直两孔中心线垂直度和相交程度的检验

图 3-25 为不在同一平面内的两孔中心线垂直度的检验方法。箱体用千斤顶 3 支撑在平板上，用直角尺 4 将心棒 2 调成垂直位置。此时测量心棒 1 对平板的平行度误差即为两孔轴线垂直度误差。在机械大修理后，都要进行箱体检查，一般中、小修理可不作检查。

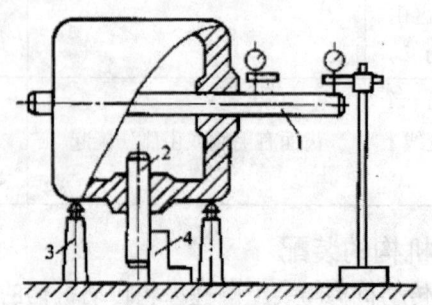

图 3-25　不在同一平面内的两孔中心线垂直度的检验

2）两圆锥齿轮轴向位里的确定

当一对标准的圆锥齿轮传动时，必须使两齿轮分度圆锥相切，锥顶重合，装配时据此来确定小齿轮的轴向位置，即小齿轮轴向位置按安装距离（小齿轮基准面至大齿轮轴的距离，如图 3-26 所示）来确定。如果此时大齿轮尚未装好，可用工艺轴代替，然后按侧隙要求决定大齿轮轴向位置。

有些用背锥面作基准的圆锥齿轮，装配时将背锥面对齐对平，就可以保证两齿轮的正确装配位置。

圆锥齿轮轴向位置确定后，一般采用改变调整垫片厚度或改变固定套圈的位置等方法进行固定。如图 3-27 所示。

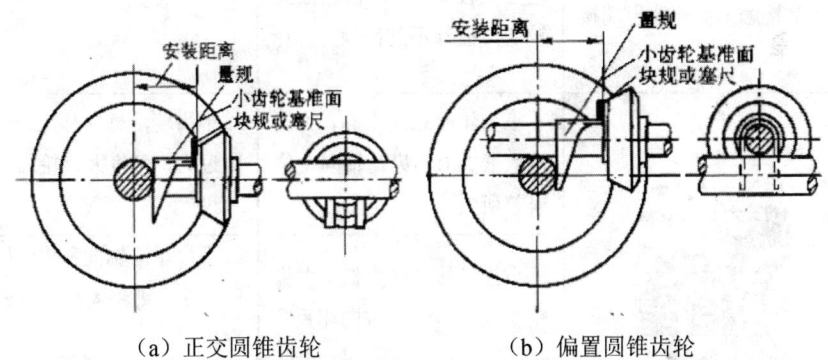

（a）正交圆锥齿轮　　　　　　（b）偏置圆锥齿轮

图 3-26　小圆锥齿轮轴向定位

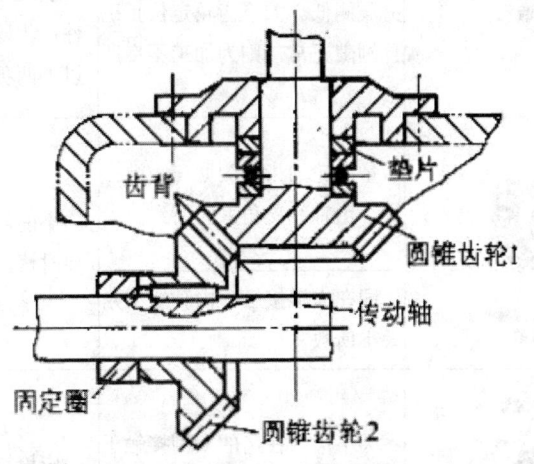

图 3-27　圆锥齿轮传动机构的装配调整

3）圆锥齿轮结合质量的检验

结合质量的检验包括齿侧间隙的检验和接触斑点的检验。

（1）齿侧间隙的检验一般采用压铅丝法检验，与圆柱齿轮基本相同。

（2）接触斑点检验一般用涂色法检验。在无载荷时，接触斑点应靠近轮齿小端；满载时，接触斑点在齿高和齿宽方向应不少于 40%~60%（随齿轮精度而定）。直齿圆锥齿轮接触斑点状况分析及调整方法见表 3-3。

表 3-3　直齿轮圆锥齿轮接触斑点状况分析及调整方法

接触斑点	接触状况及原因	调整方法
正常接触（中部偏小端接触）	在轻微负荷下，接触区在齿宽中部，略宽于齿宽的一半，稍近于小端，在小齿齿轮面上较高，大齿齿轮面上较低，但都不到齿顶	
低接触　高接触	小齿轮接触区太高，大齿轮太低。由小齿轮轴向定位误差所致	小齿轮沿轴向移出；如侧隙过大，可将大齿轮沿轴向移进
	小齿轮接触区太低，大齿轮太高。但误差方向相反	小齿轮沿轴向移进；如侧隙过小，则将大齿轮沿轴向移出
高低接触	在同一齿的一侧接触区高，另一侧低。如小齿轮定位正确且侧隙正常，则为加工不良所致	装配无法调整，需调换零件。若只作单向传动，可按以上两种方法调整
小端接触　同向偏接触	量齿轮的齿两侧通在小端接触。由轴线交角太大所致	不能用一般方法调整，必要时修刮轴瓦
	同在大端接触。由轴线交角太小所致	
大端接触　小端接触	大小齿轮在齿的一侧接触于大端，另一侧接触于小端。由两轴心线偏移所致	应检查零件加工误差，必要时修刮轴瓦

4. 齿轮传动机构的修理

齿轮传动机构工作一段时间后，会产生磨损、润滑不良或过载，使磨损加剧。齿面出现点蚀、胶合和塑性变形，齿侧间隙增大，噪声增加，传动精度降低，严重时甚至发生轮齿断裂。

（1）齿轮磨损严重或轮齿断裂时，应更换新的齿轮。

（2）如果是小齿轮与大齿轮啮合，一般小齿轮比大齿轮磨损严重，应及时更换小齿轮，以免加速大齿轮磨损。

（3）大模数、低转速的齿轮，个别轮齿断裂时，可用镶齿法修复。

（4）大型齿轮轮齿磨损严重时，可采用更换轮缘法修复，具有较好的经济性。

（5）锥齿轮因轮齿磨损或调整垫圈磨损而造成侧隙增大时，应进行调整。调整时，将两个锥齿轮沿轴向移近，使侧隙减小，再选配调整垫圈厚度来固定两齿轮的位置。

任务 4 蜗杆传动机构的装配与修理

蜗杆传动机构用来传递互相垂直的两轴之间的运动和动力（图 3-28）。

图 3-28 蜗杆传动机构

蜗杆传动具有传动比大、结构紧凑、自锁性好、传动平稳、噪声小等特点，但它的传动效率低，工作时发热量大，需要有良好的润滑条件。

1. 蜗杆传动的技术要求

（1）蜗杆轴线应与蜗轮轴线垂直。

（2）蜗杆轴线应在蜗轮轮齿的对称中心平面内。

（3）蜗杆、蜗轮间的中心距要准确。

（4）有适当的齿侧间隙。

（5）有正确的接触斑点。

2. 蜗杆传动机构箱体的装前检查

为了确保蜗杆传动机构的装配技术要求，新装或大修理时，应对蜗杆箱体进行装前检查。一般修理时可不作检查。

1）检查箱体上蜗杆孔轴线与蜗轮孔轴线的垂直度检验

如图 3-29 所示，测量时，将心轴 1 和 2 分别插入箱体上蜗轮和蜗杆的安装孔内，在心轴 1 上的一端套上装有百分表的支架 3，用螺钉 4 拧紧，百分表触头抵住心轴 2，旋转心轴 1，百分表的读数差即为两轴线在 1 长度内的垂直度误差值。

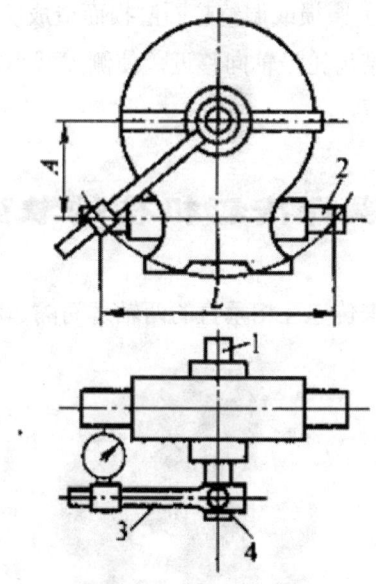

图 3-29　蜗杆箱体孔轴线垂直度的检验

1—蜗轮孔心轴；2—蜗杆孔心轴；3—支架　4—螺钉

2）检查箱体上蜗杆孔与蜗轮孔两轴线间中心距检验

如图 3-30 所示，测量时，将心轴 1、2 分别插入箱体蜗轮和蜗杆轴孔中，用 3 只千斤顶将箱体支承在平板上，调整千斤顶，使其中一个心轴与平板平行后、再分别测量心轴至平板的距离，即可计算中心距：

$$A = \left(H_1 - \frac{d_1}{2}\right) - \left(H_2 - \frac{d_2}{2}\right)$$

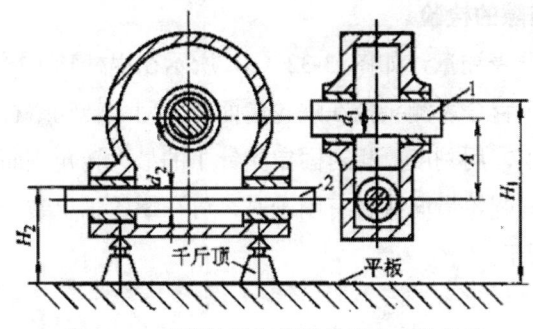

图 3-30 蜗杆轴孔与蜗轮轴孔中心的检验

1—蜗杆孔心轴；2—蜗杆孔心轴

3. 蜗杆传动机构的装配过程

（1）将蜗轮齿圈压紧在轮毂上，组合式蜗轮应先将蜗轮齿圈压装在方法与过盈配合装配相同，并用螺母固定。

（2）将蜗轮装在轴上，其安装及检验方法与圆柱齿轮相同。

（3）将蜗轮轴装入箱体，然后再装入蜗杆。因蜗杆轴的位置已由箱体孔决定，要使蜗杆轴线位于蜗轮轮齿的对称中心平面内，只能通过改变调整垫片厚度的方法，调整蜗轮的轴向位置。

4. 蜗杆传动机构啮合质量的检验

1）蜗轮的轴向位置及接触斑点的检验

用涂色法检验，将红丹粉涂在蜗杆的螺旋面上，并转动蜗杆，可在蜗轮上获得接触斑点，如图 3-31 所示。图 3-31（a）为正确接触，其接触斑点应在蜗轮轮齿中部稍偏于蜗杆旋出方向。图 3-31（b）、（c）表示蜗轮轴向位置不对，应配磨垫片来调整蜗轮的轴向位置。接触斑点长度，轻载时为齿宽的 25%~50%，满载时为齿宽的 90% 左右。

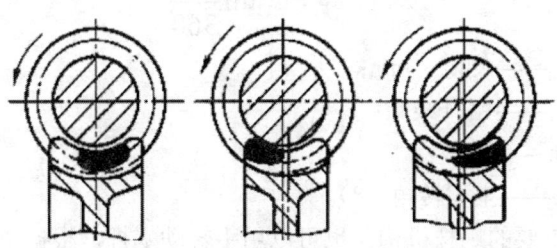

（a）正确   （b）蜗轮偏右   （c）蜗轮偏左

图 3-31 用涂色法检验蜗轮齿面接触斑点

2）齿侧间隙的检验

一般用百分表测量，如图 3-32（a）所示在蜗杆轴上固定一个带量角器的刻度盘 2，百分表测头抵在蜗轮齿面上，用手转动蜗杆，在百分表指针不动的条件下，用刻度盘相对固定指针 1 的最大转角判断侧隙大小。如用百分表直接与蜗轮齿面接触有困难时，可在蜗轮轴上装一测量杆 3，如图 3-32（b）所示。

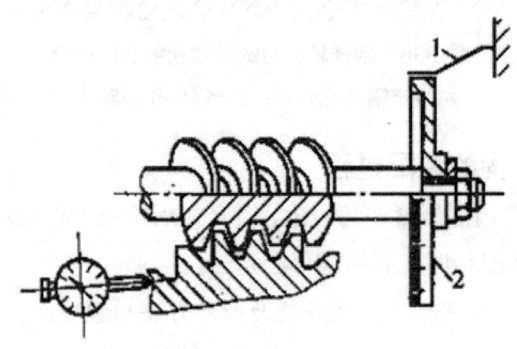

（a）直接测量法

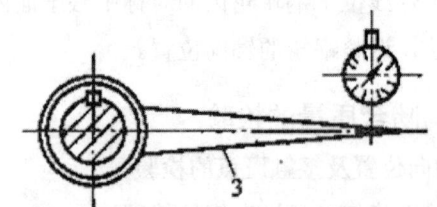

（b）加装测量杆测量法

1—刻度盘相等固定指针；2—刻度盘；3—测量杆

图 3-32 蜗杆传动机构侧隙检验

侧隙与转角有如下近似关系：

$$c_h = z_1 \pi m \frac{a}{360}$$

式中：c_h——侧隙，mm；

　　　z_1——蜗杆线数；

　　　m——模数；

　　　α——空程转角（°）。

对于不重要的蜗杆机构，也可以用手转动蜗杆，根据空程量的大小判断侧隙的大小。

装配后的蜗杆传动机构，还要检查它的转动灵活性。蜗轮在任何位置上，用手旋转蜗杆所需的扭矩均应相同，转动灵活，没有咬住现象。

5. 蜗杆传动机构的修复

（1）一般传动的蜗杆、蜗轮磨损或划伤后，要更换新的。

（2）大型蜗轮磨损或划伤后，为了节约材料，一般采用更换轮缘法修复。

（3）分度用的蜗杆机构（又称分度蜗轮副），其传动精度要求很高，修理工作也复杂和精细，一般采用精滚齿后剃齿或晰磨修复法。

任务5　螺旋机构的装配与修理

螺旋机构可将旋转运动变换为直线运动，其特点是：传动精度高、工作平稳、无噪声、易于自锁、能传递较大的扭矩。在机床中螺旋机构应用广泛，如车床的纵向和横向进给丝杠螺旋副等。

1. 螺旋机构的装配技术要求

为了保证丝杠的传动精度和定位精度，螺旋机构装配后，一般应满足以下要求：

（1）丝杠螺母副应有较高的配合精度，有准确的配合间隙。

（2）丝杠与螺母轴线的同轴度及丝杠轴心线与基准面的平行度应符合规定要求。

（3）丝杠和螺母相互转动应灵活。

（4）丝杠的回转精度应在规定范围内。

2. 螺旋机构的装配要点

1）丝杠螺母配合间隙的测量和调整

丝杠螺母的配合间隙是保证其传动精度的主要因素，可分为径向间隙和轴向间隙两种。

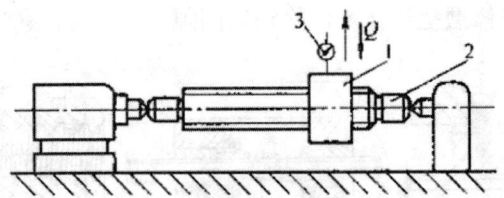

图 3-33　丝杠螺母径向间隙的测量

1—螺母；2—丝杠；3—百分表

（1）径向间隙的测量　径向间隙直接反映丝杠螺母的配合精度，一般由加工来保证，装配前应进行检测。测量方法如图 3-33 所示，将百分表测头抵在螺母 1 上，用稍大于螺母重量的力 Q 压下或抬起螺母，百分表指针的摆动量即为径向间隙值。

（2）轴向间隙的清除与调整丝杠螺母的轴向间隙直接影响其传动的准确性。进给丝杠应有轴向间隙消除机构，简称消隙机构。

①单螺母消隙机构丝杠螺母传动机构只有 1 个螺母时，常采用如图 3-34 所示的消隙机构，使螺母和丝杠始终保持单向接触，消隙机构消隙力的方向应和切削力 F_z 方向一致，以防止进给时产生爬行，影响进给进度。

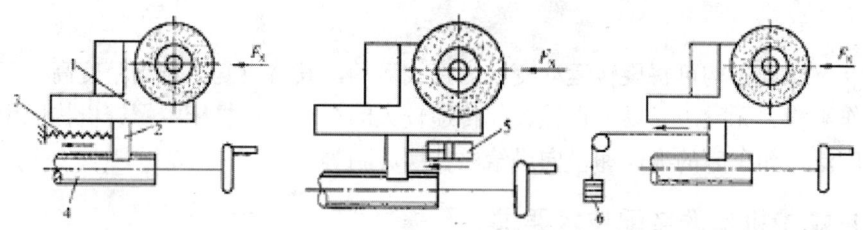

（a）弹簧拉力消隙　　　（b）油缸压力消隙　　　（c）重锤消隙

1—砂轮架；2—螺母；3—弹簧；4—丝杠；5—油缸；6—重锤

图 3-34 单螺母消隙机构

②双螺母消隙机构双向运动的丝杠螺母应用 2 个螺母来消除双向轴向间隙，其结构如图 3-35 所示。

图（a）为楔块消隙机构，调整时，松开螺钉 3，再拧动螺钉 1，使楔块 2 向上移动，以推动带斜面的螺母右移，从而消除轴向间隙。

图（b）为弹簧消隙机构，转动调整螺母 4，通过垫圈 3 及压缩弹簧 2，使螺母 5 轴向移动，从而消除轴向间隙。

图（c）为垫片消隙机构，通过改变垫片厚度来消除轴向间隙。丝杠螺母磨损后，通过修磨垫片 2 来消除轴向间隙。

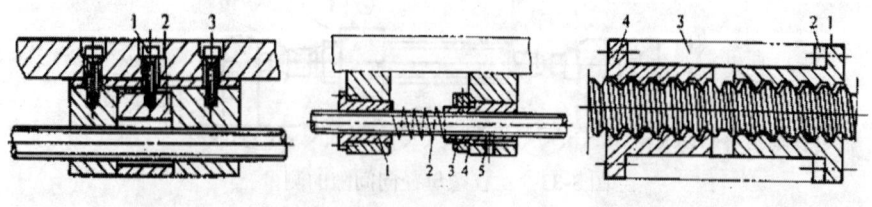

（a）楔块消隙　　　　　（b）弹簧消隙　　　　　（c）垫片消隙

1、3—螺钉；2—楔块　1、5—螺母；2—压缩弹簧；3—垫圈；4—调整螺母

1、4—螺母；2—垫片；3—工作台

图 3-35 双螺母消隙机构

2）校正丝杠螺母的同轴度及丝杠轴心线与基面的平行度

为了能准确而顺利地将旋转运动转换为直线运动，丝杠和螺母必须同轴，丝杠轴心线必须和基准面平行。安装丝杠螺母时应按下列顺序进行：

（1）先正确安装丝杠两轴承支座，用专用检验芯棒和百分表校正，使两轴承孔轴心线在同一直线上，且与螺母移动时的基准导轨平行，如图 3-36（a）所示。校正时，可以根据误差情况修刮轴承座结合面，并调整前、后轴承的水平位置，使其达到要求。

（2）再以平行于基准导轨面的丝杠两轴承孔的中心连线为基准，校正螺母孔的同轴度，如图 3-36（b）所示。校正时，将检验棒 4 装在螺母座孔中，移动工作台 2，如检验棒 4 能顺利插入前、后轴承座孔中，即符合要求，否则应按 h 尺寸修磨垫片 3 的厚度。

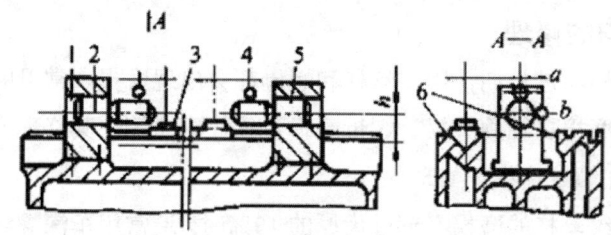

（a）安装丝杠两轴承座

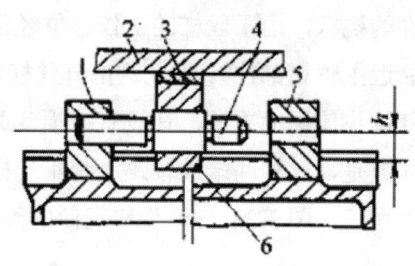

（b）校正螺母与丝杠轴承孔的同轴度

图 3-36 校正螺母孔与前、后轴承孔同轴度

1、5—前后轴承座；2—心轴；3—磁力表座滑板；4—百分表；6—螺母移动肌醇导轨

1、5—前后轴承座；2—工作台；3—垫片；4—检验棒；6—螺母座

也可以用丝杠直接校正两轴承孔与螺母的同轴度，如图 3-37 所示。校正时，修刮螺母座 4 的底面，同时调整其在水平面上的位置，使丝杠上母线 a、侧母线 b 均与导轨面平行。再修磨垫片 2、7，在水平方向上调整前、后轴承座 1、6，使丝杠两端轴颈能顺利地插入轴承孔，丝杠转动要灵活。

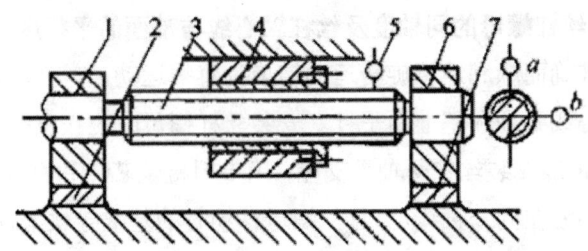

图 3-37　用丝杠直接校正两周晓华孔与螺母孔同轴度

1、6—前后轴承座；2、7—垫片；3—丝杠；4—螺母座；5—百分表

3. 调整丝杠的回转精度

丝杠的回转精度是指丝杠的径向跳动和轴向窜动量的大小，主要通过正确安装丝杠两端的轴承支座来保证。

4. 螺旋机构的修理

螺旋机构经过长期使用，丝杠和螺母都会出现磨损。常见的损坏形式有丝杠螺纹磨损、轴颈磨损、螺母磨损及丝杠弯曲等。其修理方法如下。

1）丝杠螺纹磨损的修理

梯形螺纹丝杠的磨损不超过齿厚的 10% 时，通常用车深螺纹的方法来修复。螺纹车深后，外径也需相应车小。再根据修复后的丝杠配车新螺母。

经常加工短工件的机床，由于丝杠的工作部位经常集中于某一段（如普通车床丝杠磨损靠近主轴箱部位），因此这部分丝杠磨损较大。为了修复其精度，可采用丝杠调头使用的方法，让没有磨损或磨损不多的部分，换到经常工作的部位。但是，丝杠两端的轴颈大都不一样，因此调头使用时还需要做一些车、钳加工。图 3-38（a）为修理前的丝杠，图 3-38（b）为修理后的丝杠。

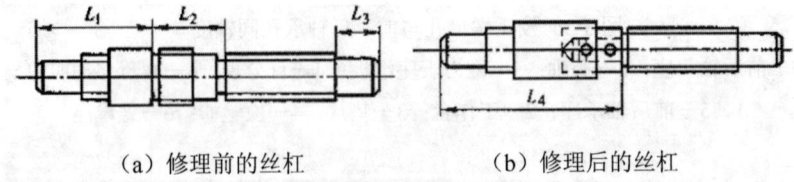

（a）修理前的丝杠　　　　　　（b）修理后的丝杠

图 3-38　丝杠的调头修复

对磨损过大的精密丝杠，常采用更换的方法。矩形螺纹丝杠磨损后，一般不能修理，只能更换新的。

2）丝杠轴颈磨损的修理

丝杠轴颈磨损后，可根据磨损情况，采用镀铬、涂镀、堆焊等方法加大轴颈。在车削轴颈时，应与车削螺纹同时进行，以便保持这两部分轴线的同轴度。磨损的衬套应更换，如果没有衬套，应该将孔撑大，压安装上一个衬套。这样，在下次修理时，只换衬套即可修复。

3）螺母磨损的修理

螺母磨损通常比丝杠迅速，因此常需要更换。为了节约青铜材料，常将壳体做成铸铁的，在壳体孔内压装上铜螺母。这样的螺母，在修理中易于更换。

4）丝杠奄曲的修理

弯曲的丝杠常用矫正法修复。

任务 6 联轴器和离合器的装配与修理

联轴器和离合器是零件之间传递动力的中间连接装置，可以使轴与轴或轴与其他零件（如带轮、齿轮等）相互连接，用于传递扭矩，且大多数已标准化。

1. 联轴器的装配

联轴器将两轴牢固地联系在一起，在机器的运转过程中，两轴不能分开，只有在机器停止后并经过拆卸才能把两轴分开。

联轴器种类很多，如固定式联轴器、可移式联轴器、安全联轴器和万向联轴器等。其结构虽然各不相同，但其装配时都应严格保持两轴的同轴度，否则在传动时会使联轴器或轴变形或损坏。因此，装配后应该用百分表检查联轴器跳动量和两轴的同轴度。

1）凸缘式联轴器的装配

固定式联轴器中应用最广的是凸缘式联轴器，它是把两个带有凸缘的半联轴器用键分别与两根轴连接，然后用螺栓把两个半联轴器连接成一体，以传递运动，如图 3-39 所示。

（1）装配技术要求

①装配中应严格保证两轴的同轴度，否则两轴不能正常工作，严重时会使联轴器或轴变形和损坏。

②保证各连接件（螺母、螺栓、键、圆锥销等）连接可靠，受力均匀，不允许有自动松脱现象。

（2）装配方法

①如图 3-39（b）所示，装配时先在轴 1、2 上装好平键和凸缘盘 3、4，并固定齿轮箱。

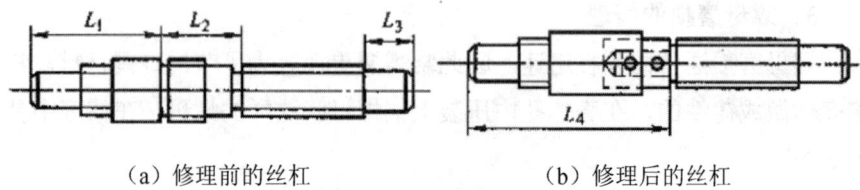

（a）修理前的丝杠   （b）修理后的丝杠

图 3-39　丝杠的调头修复

②将百分表固定在凸缘盘 4 上，使百分表测头顶在凸缘盘 3 的外圆上，同步转动两轴，根据百分表的读数来保证两凸缘盘的同轴度要求。

③移动电动机，使凸缘盘 3 的凸台少许插进凸缘盘 4 的凹孔内。

④转动齿轮轴，测量两凸缘盘端面的间隙，如果间隙均匀，则移动电动机使两凸缘盘端面靠近，固定电动机，最后用螺栓紧固两凸缘盘。

2）十字槽式联轴器（十字滑块式联轴器）的装配

十字槽式联轴器是可移式刚性联轴器中一种常见的结构形式，如图 3-40 所示。它由两个带槽的联轴盘和中间盘组成。中间盘的两面各有一条矩形凸块，两面凸块的中心线互相垂直并通过盘的中心，两个联轴盘的端面都有与中间盘对应的矩形凹槽，中间盘的凸块同时嵌入两联轴盘的凹槽中，将两轴连接为一体。当主动轴旋转时，通过中间盘带动另一联轴盘转动，同时凸块可在凹槽中滑动，以适应两轴之间存在的一定径向偏移和少量的轴向移动。

（1）装配技术要求

①装配时，允许两轴有少量的径向偏移和倾斜，一般情况下轴向摆动量可在 1~2.5mm 之间，径向摆动量可在（0.01d+0.25）mm 左右（d 为轴直径）。

②中间盘装配后，应能在两联轴盘之间自由滑动。

（2）装配方法

分别在轴 1 和轴 7 上装配键 3 和键 6，安装联轴盘 2、5，用直尺找正后，安装中间盘 4，并移动轴，使联轴盘和中间盘留有少量间隙，以满足中间盘的自由滑动要求。

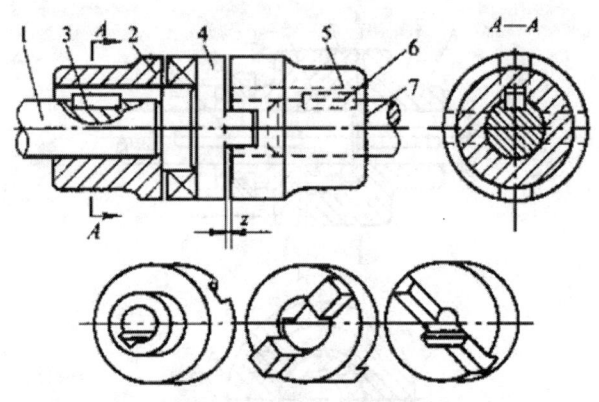

图 3-40　十字槽式联轴器

1、7—轴；2、5—联轴盘；3、6—键；4—中间盘

2. 离合器的装配

离合器是在机器的运转过程中，可将传动系统中的主动件和从动件随时分离和接合的一种装置。离合器的种类很多，常用的有牙嵌式和摩擦式两种。

离合器的装配工艺要求是：在结合与分开时动作要灵敏，能够传递足够的扭矩，工作平稳可靠。

1）牙嵌式离合器的装配

牙嵌式离合器靠啮合的牙面来传递扭矩，结构简单，但有冲击，如图 3-41 所示。它由两个端面制有凸齿的结合子组成，其中结合子 1 固定在主动轴 2 上，结合子 3 用导键或花键与被动轴 5 连接。通过操作手柄控制的拨叉可带动结合子 3 轴向移动，使结合子 1 和 3 接合或分离。导向环 4 用螺钉固定在主动轴结合子上，以保证结合子 3 移动的导向和定心。

（1）装配技术要求

①结合和分开时，动作要灵敏，能传递设计的扭矩，工作平稳可靠。

②结合子齿形啮合间隙要尽量小些，以防旋转时产生冲击。

（2）装配方法

将结合子 1、3 分别装在轴上，结合子 3 与被动轴和键之间能轻快滑动，结合子 1 要固定在主动轴上；导向环 4 安装在结合子 1 的孔内，用螺钉紧固；把从动轴装入导向环 4 的孔内，再装拨叉。

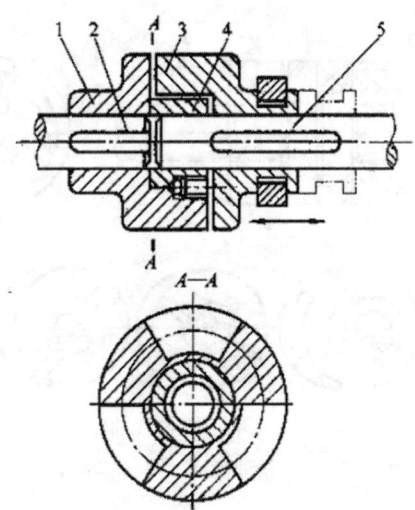

图 3-41 牙嵌式离合器

1、3—结合子；2—主动轴；4—导向环；5—被动轴

2）摩擦离合器的装配

摩擦离合器靠接触面的摩擦力传递扭矩，结合平稳，且可起安全作用，但结构复杂，需要经常调整，根据摩擦表面的形状可分为圆盘式、圆锥式和多片式等类型。

（1）圆锥式摩擦离合器的装配

如图 3-42 所示为圆锥式摩擦离合器，它利用内外锥面的紧密结合，把主动齿轮的运动传给从动齿轮。装配时，要用涂色法检查圆锥面，其接触斑点应均匀分布在整个圆锥面上，如图 3-43 所示。若接触位置不正确，可通过刮削或磨削方法来修整。要保证结合时有足够的压力把两锥体压紧，断开时应完全脱开。

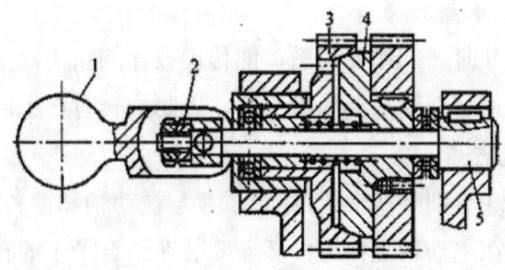

图 3-42 圆锥式摩擦离合器

1—手柄；2—螺母；3、4—锥面；5—可调节轴

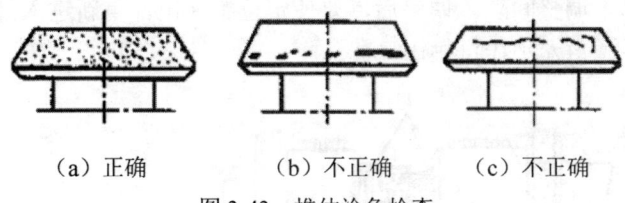

（a）正确　　　　　（b）不正确　　　　（c）不正确

图 3-43　椎体涂色检查

（2）双向片式摩擦离合器的装配

如图 3-44 所示为双向片式摩擦离合器，离合器由多片内、外摩擦片相间排叠，内摩擦片经花键孔与主动轴连接，随轴一起转动。外摩擦片空套在主动轴上，其外圆有 4 个凸缘，卡在空套主动轴上齿轮的 4 个缺口槽中，压紧内、外摩擦片时，主动轴通过内、外摩擦片间的摩擦力带动空套齿轮转动，松开摩擦片时，套筒齿轮停止转动。

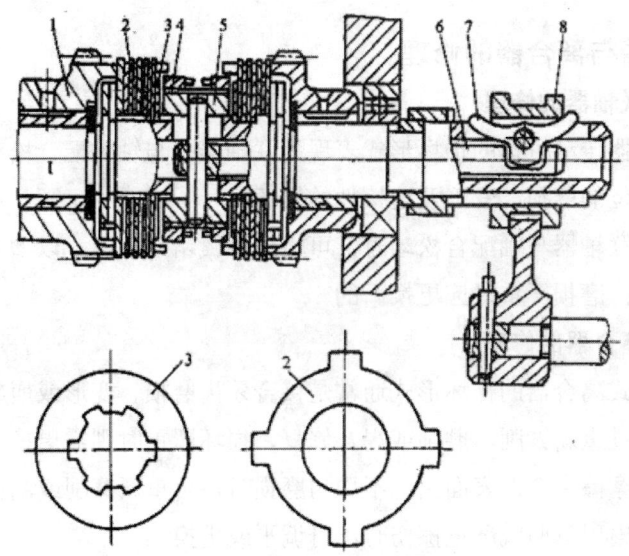

图 3-44　双向片式摩擦离合器

1—套筒齿轮；2—外摩擦片；3—内摩擦片；4—螺母；

5—花键轴；6—拉杆；7—元宝键；8—滑环

装配时，摩擦片间隙要适当，如果间隙过大，操作时压紧力不够，内、外摩擦片会打滑，传递扭矩小，摩擦片也容易发热、磨损；如果间隙太小，操作压紧费力，且失去保险作用，停车时，摩擦片不易脱开，严重时可导致摩擦片烧坏，所以必须调整适当。

调整方法是：如图 3-45 所示，先将定位销 2 压入螺母 1 的缺口下，然后转动螺母1调整间隙。调整后，要使定位销弹出，重新进入螺母的缺日中，以防止螺母在工作过程中松脱。

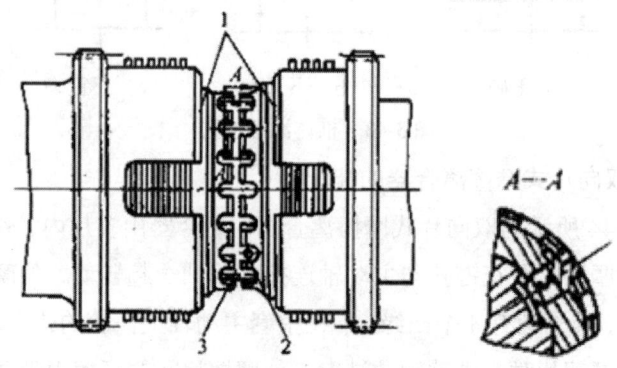

图3-45　片式摩擦离合器的调整
1—螺母；2—定位销；3—花键套

3. 联轴器与离合器的修理

1）联轴器的修理

联轴器传动机构的损坏形式表现为联轴器孔与轴的配合松动，连接件或连接部位的磨损、变形及连接件的损坏。

刚性联轴器与轴配合松动时，可将轴颈镀铬或喷涂，以增大轴颈的方法来修复；磨损严重时应更换新的。

2）离合器的修理

牙嵌式离合器的损坏形式通常是接合牙齿磨损、变形或崩裂。轻微的磨损可通过重新铣削、磨削或焊补修复，损坏严重时则需更换。

圆锥摩擦离合器表面出现不均匀磨损时，可重新磨削或刮压。片式摩擦离合器出现弯曲或严重擦伤时，可调平或更换。

任务7　液压传动装置的装配与修理

液压传动是以具有一定压力的液体（通常是油液）作为工作介质来传递运动和动力的。液压装置由液压泵、液压缸、阀类元件和管道等组成。

1. 液压泵的安装

液压泵是将机械能转变为液压能的能量转换装置。常用的有内轮泵、叶片泵和柱塞泵，一般由专业液压件厂生产。如图3-46所示为齿轮泵。

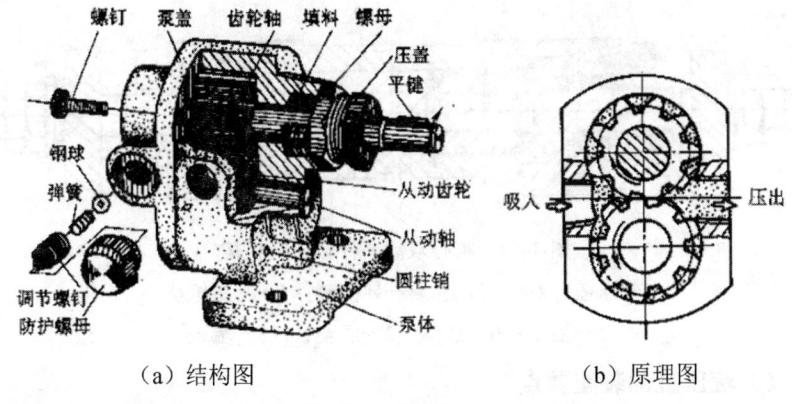

（a）结构图　　　　　　　　　　（b）原理图

图 3-46 齿轮泵

1）液压泵安装前的性能试验

（1）用手转动主动轴（齿轮泵）或转子轴（叶片泵），要求灵活无阻滞现象。

（2）在额定压力下工作时，能达到规定的输油量。

（3）压力从零逐渐升到额定值，各接合面不准有漏油和异常的杂声。

（4）在额定压力工作时，净压力波动值不准超过规定值。

2）液压泵安装要点

（1）液压泵一般不用 V 带传动，最好由电动机直接传动。

（2）液压泵传动轴与电动机驱动轴应有较高的同轴度，一般不大于 0.1mm，倾斜角不得大于 1°。在安装联轴器时不可敲打泵轴，以免损坏液压泵转子。

（3）液压泵的入口、出口和旋转方向，一般在铭牌中标明，应按规定连接管路和电路，不得反接。

2. 液压缸的装配

液压缸是液压系统中的执行机构，也是液压系统中把液压泵输出的液体压力能转变为机械能的能量转换装置，用以实现工作台或刀架的直线往复移动。

液压缸的形式主要有活塞式液压缸、柱塞式液压缸和摆动式液压缸三大类。如图 3-47 所示为实心双活塞杆液压缸。

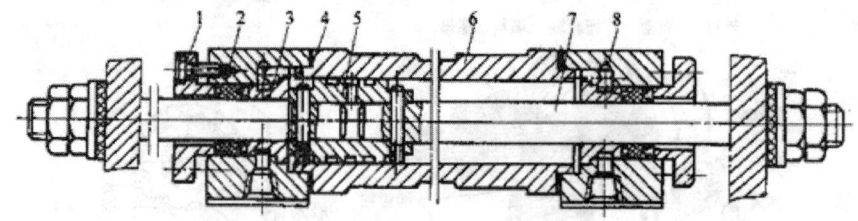

图 3-47　实心双活塞杆液压缸结构

1—压盖；2—密封圈；3—导向套；4—密封纸垫；

5—活塞；6—缸体；7—活塞杆；8—端盖

1）液压缸的装配要点

（1）严格控制液压缸与活塞之间的配合间隙。

（2）保证活塞与活塞杆的同轴度及活塞杆的直线度。装配时，可将活塞和活塞杆连成一体，放在 V 形架上，用百分表检验并校正，如图 3-48 所示。

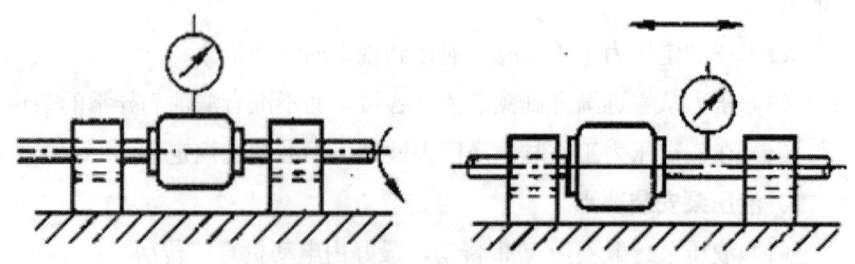

（a）活塞杆与活塞同轴度检查　　　　（b）活塞杆直线度检查

图 3-48　校正活塞杆的方法

（3）活塞与液压缸配合表面应保持洁净。

（4）装配后，活塞在液压缸全长内移动时应灵活无阻滞。

2）液压缸的性能试验

（1）在规定压力下，观察活塞杆与油缸端盖、端盖与液压缸的结合处是否有渗漏。

（2）检查油封装置是否过紧而使活塞或液压缸移动时产生阻滞，或过松而造成漏油。

（3）测定活塞或液压缸移动速度是否均匀。

3）液压缸的安装

液压缸在机床上安装时，要保证与机床导轨的平行度，应按图 3-49 所示进行检查和调整。

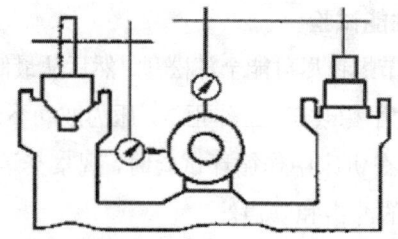

图3-49　液压缸和机床导轨平行度检查

（1）以机床的平导轨为基准，将平行垫铁放在平导轨上，用百分表测量液压缸的上母线，要求平行度在 0.10mm 之内。如果超差，应修刮液压缸与机床的结合面，或修刮床身上的安装面。

（2）以 V 形导轨为基准，测量液压缸侧母线，要求平行度在 0.1mm 以内。如果超差，可松开液压缸与床身间的连接螺钉，校正其侧母线至符合要求，然后紧固螺钉，并以销钉定位。

3. 压力阀的装配

压力阀是用来控制液压系统中压力的元件，常用的有溢流阀、减压阀等。如图 3-50 所示为低压溢流阀。

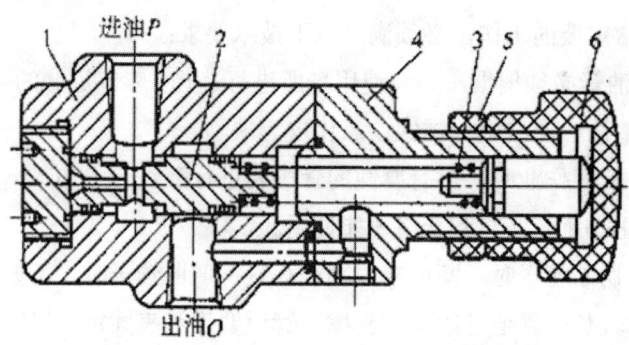

图3-50　低压溢流阀

1—阀体；2—滑阀；3—弹簧；4—压盖；5—螺母；6—调整螺母

1）压力阀的装配要点

（1）压力阀在装配前，应仔细清洗，特别是阻尼孔道，应用压缩空气清除污物。

（2）阀芯与阀座的密封应良好，可用汽油试漏。

（3）弹簧两端面须磨平，使两端面与中心线垂直。

（4）阀体结合面应加耐油纸垫，以确保密封。

（5）阀芯与阀体的配合间隙应符合要求，在全行程上移动应灵活无阻。

2）压力阀的性能试验

（1）将压力调节螺钉尽可能全部松开，然后从最低数值逐渐升高到系统所需压力，要求压力平稳改变，工作正常，压力波动不超过$\pm(1.5\times10^5)$Pa。

（2）当压力阀在机床中作循环试验时，观察其运动部件换向时工作的平稳性，应无明显的冲击和噪声。

（3）在最大压力下工作时，不允许接合处漏油。

（4）溢流阀在卸荷状态时，其压力不超过1.5~2Pa。

4. 管道连接的装配

管道是用来输送液体或气体的辅助装置。它由管子、管接头、连接盘（法兰盘）和衬垫等零件组成。管道连接常用的管子有钢管、有色金属管、橡胶软管和尼龙管等。如果管道连接不当，不仅会使液压系统失灵，而且会造成液压元件损坏，甚至发生事故。

1）管道连接的技术要求

对管道连接的基本要求是连接简单，工作可靠，密封良好，无泄漏，对流体的阻力小，结构简单且制造方便。在机床液压系统的装配中，管道连接是非常重要的工作，必须满足以下技术要求：

（1）油管必须根据压力和使用场所进行选择，应有足够的强度而且内壁光滑、清洁，无砂眼、锈蚀、氧化皮等缺陷。

（2）配管作业时，对有腐蚀的管子要进行酸洗、中和、清洗、干燥、涂油、试压等工作，直到合格才能使用。

（3）切断管子时，断面应与轴线垂直；弯曲管子时，不要弯扁。

（4）较长的管道各段要有支撑，管道要用管夹固定，以防振动。

（5）在安装管道时，应保证最小的压力损失，使整个管道最短，转弯次数最少，并保证管道受温度影响时，有伸缩变形的余地。

（6）系统中任何一段管道或元件，应能单独拆装而不影响其他元件，以便于修理。

（7）在管道的最高处，应安装排气装置。

（8）所有管道都应进行二次拆装，以清除配管作业时对管道的污染。

2）管接头的装配要点

（1）扩口薄壁管接头连接的装配如图3-51所示，装配时，将薄壁管口端扩大，拧紧连接螺母，通过扩口管套将薄壁管扩孔压紧在接头配合表面上，实现管路连接。

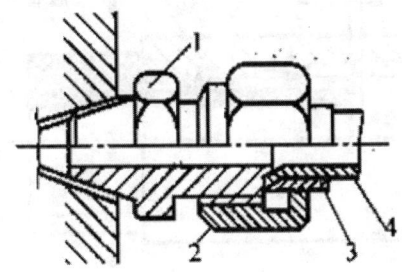

图 3-51　扩口薄壁管接头

1—接头体；2—管螺母；3—管套；4—管子

（2）球形管接头连接的装配如图 3-52 所示，装配时应保证球形表面的接触良好，拧紧连接螺母，两球形接头体表面紧密压合保证足够紧密性。

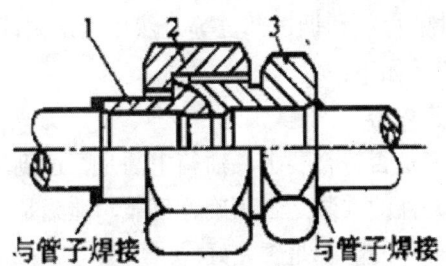

图 3-52　球形管接头连接

1—球形接头体；2—连接螺母；3—接头体

（3）高压胶管接头装配如图 3-53 和图 3-54 所示，装配时，将胶管剥去一定长度的外胶层，然后装入外套内，再把接头芯拧入接头外套及胶管中，于是，胶管便被挤入接头外套和接头芯螺纹中，使胶管与接头芯及外套紧密连接起来。

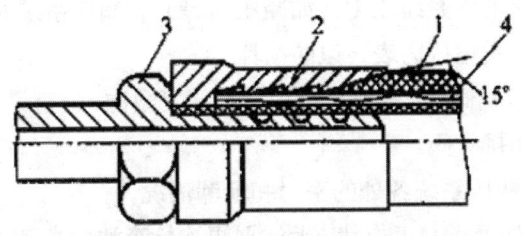

图 3-53　高压胶管接头

1—胶管；2—外套；3—接头芯；4—钢丝层

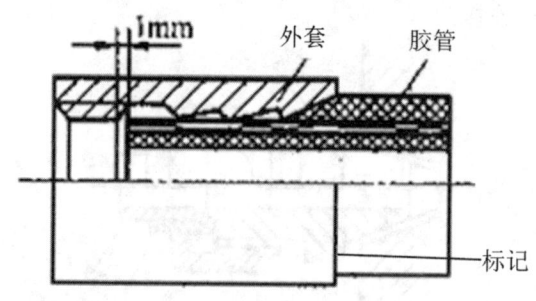

图 3-54　胶管装进外套

5. 液压系统的调试

　　液压系统装配、修理工作完成以后，要进行调试。调试前，应全面了解被调试机床的结构、性能、操作方法和使用要求及液压系统的工作原理、性能要求、各元件的性能和调试部位等，然后确定调试项目、顺序和调试方法。一般调试步骤如下：

1）调试前检查内容

　　（1）选用油液是否符合要求，油箱中油是否达到规定标准。

　　（2）各液压元件的安装是否正确、可靠，泄漏是否符合规定指标。

　　（3）各液压部件的防护是否完好。

　　（4）各控制手柄是否奄关闭和卸荷位置。

2）空载试验试验要求和程序：

　　（1）启动液压泵电动机，检查其运转方向是否正确，情况是否正常，有无异常噪声。液压泵是否漏气（油面上有无气泡），其卸荷压力是否在允许范围内。

　　（2）在运动部件处于停位或低速运动时，调整压力控制阀，逐渐升压至规定值；调整辅助系统压力（如减压阀等）和润滑系统的压力、流量。压力调整好后，关掉压力表，以防损坏。

　　（3）打开排气阀，使活塞全行程空载往复数次，使空气从排气阀排出，排净空气后关闭排气阀。

　　（4）检查液压系统各处的密封和泄漏情况。

　　（5）系统处于正常工作状态后，要再次检查油面高度，并使其保持规定标高。

　　（6）使系统在空载中按工作循环和预定程序工作，检查各动作的协调和顺序是否正确，启动、换向和速度转换时运动是否平稳，调整和消除爬行和冲击。

（7）空载运转 2h 后，检查油温及液压系统的动作精度，如换向、定位、停留等。

3）负荷试验

先在低于最大负荷情况下进行，一切正常后方可进行最大负荷试验。负荷试验的目的是检验在最大负荷情况下，液压系统能否实现预定的工作要求；噪声、振动和各处的内、外泄漏是否在允许的范围内；工作部件运动、换向和速度换接时有无爬行和冲击；功率损耗及温升是否在允许范围内等，发现故障要及时分析原因并立即排除。

6. 液压传动装置故障分析及排除

液压系统常见的故障有压力不足、欠速、噪声和振动、爬行、油温过高、冲击、泄漏，其产生故障的原因及排除方法见表 3-4。

表 3-4　液压传动装置常见故障原因排除及方法

常见故障	产生原因	排除方法
系统工作压力失常，压力不足	液压泵进出口装反或电动机反转	调换电动机接线，纠正液压泵进出口方位
	电动机转速过低，功率不足，或液压泵磨损、泄露大	更换功率向匹配的电动机；修换磨损严重的液压泵
	压力阀阀心卡死或阻尼孔堵塞，或阀心与阀体之间严重内泄	查明原因，修复或更换阀
	泵的吸油管较细，吸油管密封性差，油液黏度太高、滤油器堵塞产生吸空现象	适当加粗泵吸油管尺寸，加强吸油管路接头处密封，使用黏度适当的油液，清洗滤油器等
欠速	油泵损坏或严重磨损，轴向、径向间隙太大，造成输油量和压力过小	应检修或更换油泵
	油箱中油液少，滤油器堵塞，油液黏度太大而使吸油不畅	添加液压油，清理滤油器，使用黏度适当的油液
	系统元件中配合间隙大，内外泄露太多	查明泄露处进行修复
	压力控制阀、流量控制阀出现故障或被堵塞	找出原因，加以排除
	油缸的装配精度和安装精度差，造成运动阻滞	提高油缸的装配精度和安装精度
振动和噪声	液压泵吸空、磨损或损坏	检查吸油管浸油高度和油标高度，修复或更换液压泵

续表

常见故障	产生原因	排除方法
振动和噪声	控制阀阻尼孔堵塞，调压弹簧变形或损坏，阀座损坏、密封不良或配合间隙过大	疏通阻尼孔，清理液压油，更换弹簧，修理或更换新阀
	机械系统引起诸如管道碰撞、泵与电动机间的联轴器安装不同轴，电动机和其他零件平衡不良、齿轮精度低等	加固管道，保证泵与电动机安装的同轴度，检查和平衡不平衡零件，更换精度高的齿轮等
	液压系统中油液的压力脉冲等	采用消振器
爬行	空气混入液压系统，在压力油中形成气泡	对各种产生进气的原因逐一采取措施排除，防止空气再进入系统
	油液中有杂质，将小孔堵塞，滑阀卡死	清洗油路、油箱，更换液压油，并逐一保持清洁，定期更换油液
	导轨精度差，润滑不良，压板、镶条调得过紧	修刮导轨，加强润滑，调整压板或镶条间隙
	液压元件故障造成爬行，如节流阀小流量时不稳定，液压缸内表面拉毛等	更换节流阀，检修液压缸来排除故障
	采用静压润滑导轨时，润滑油控制装置失灵，润滑油供应不稳定或中断	通过调整或修理控制装置，排除爬行现象
系统温升	压力损耗大、压力能转换为热能，使油温升高；管路太长、弯曲过多、界面变化；管子中污物多而增加压力损失；油液黏度太大等	更换管道，清理或更换液压轴，选择适合黏度的油液
	连接、配合处泄露，容积损耗大，使油温升高	查明泄露处进行修复
	机械损失引起油温升高。如液压元件加工精度和装配质量差，安装精度差、润滑不良、密封过紧而使运动阻滞，摩擦损耗大；油箱太小，散热条件差，冷却装置发生故障等	提高液压元件的加工精度和安装精度，加强润滑，增大散热面积等。
冲击	由于液流方向的迅速改变，使野柳速度急速改变，出现瞬时高压造成冲击	可在液压缸的入口及出口设置小型安全阀；在液压缸的行程终点采用减速阀；在液压缸端部设置缓冲装置等
	液压缸缸体配合间隙过大，或密封破损，而工作压力调得过大	可重配活塞或更换活塞密封，并适当降低工作压力
泄露	由于各液压元件的密封损坏、油管破裂、配合间隙增大、油压过高等原因，引起油液泄露	找出原因，加以排除

项目 4

轴承和轴组的装配与修理

轴承在机械中是用来支承轴和轴上旋转件的重要部件。它的种类很多，根据轴承与轴工作表面间摩擦性质的不同，轴承可分为滚动轴承和滑动轴承两大类。

任务 1　滚动轴承的装配与修理

滚动轴承一般由内圈、外圈、滚动体及保持架组成。内圈与轴颈采用基孔制配合，外圈与轴承座孔采用基轴制配合。工作时，滚动体在内、外圈的滚道上滚动，形成滚动摩擦。滚动轴承具有摩擦力小、轴向尺寸小、旋转精度高、润滑维修方便等优点，其缺点是承受冲击能力较差、径向尺寸较大、对安装的要求较高。

1. 滚动轴承装配的技术要求

（1）装配前，应用煤油等清洗轴承和清除其配合表面的毛刺、锈蚀等缺陷。

（2）装配时，应将标记代号的端面装在可见方向，以便更换时查对。

（3）轴承必须紧贴在轴肩或孔肩上，不允许有间隙或歪斜现象。

（4）同轴的两个轴承中，必须有一个轴承在轴受热膨胀时有轴向移动的余地。

（5）装配轴承时，作用力应均匀地作用在待配合的轴承环上，不允许通过滚动体传递压力。

（6）装配过程中应保持清洁，防止异物进入轴承内。

（7）装配后的轴承应运转灵活、噪声小，温升不得超过允许值。

（8）与轴承相配零件的加工精度应与轴承精度相对应，一般轴的加工精度取轴承同级精度或高一级精度；轴承座孔则取同级精度或低一级精度。滚动轴承配合示意如图 4-1 所示。

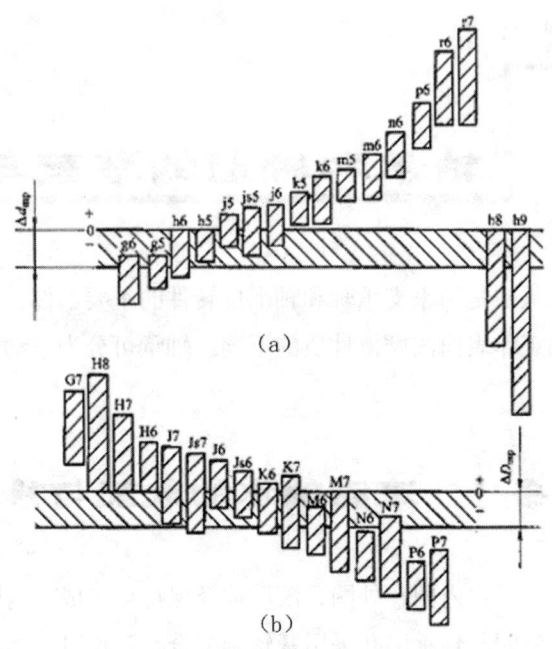

图 4-1　滚动轴承配合示意图

2. 滚动轴承的装配

滚动轴承的装配应根据轴承的结构、尺寸大小和轴承部件的配合性质而定。一般滚动轴承的装配方法有锤击法、压入法、热装法及冷缩法等。

1）装配前的准备工作

（1）按所要装配的轴承准备好需要的工具和量具。按图样要求检查与轴承相配零件是否有缺陷、锈蚀和毛刺等。

（2）用汽油或煤油清洗与轴承配合的零件，用干净的布擦净或用压缩空气吹干，然后涂上一层薄油。

（3）核对轴承型号是否与图样一致。

（4）用防锈油封存的轴承可用汽油或煤油清洗；用厚油和防锈油脂封存的可用轻质矿物油加热溶解清洗，冷却后再用汽油或煤油清洗，擦拭干净待用；对于两面带防尘盖、密封圈或涂有防锈、润滑两用油脂的轴承则不需要进行清洗。

2）装配方法

（1）圆柱孔轴承的装配

①不可分离型轴承（如深沟球轴承、调心球轴承、调心滚子轴承、角

接触轴承等）应按座圈配合的松紧程度决定其装配顺序。当内圈与轴颈配合较紧、外圈与壳体较松配合时，先将轴承装在轴上，然后，连同轴一起装入壳体中。当轴承外圈与壳体孔为紧配合、内圈与轴颈为较松配合时，应将轴承先压入壳体中；当内圈与轴、外圈与壳体孔都是紧配合时，应把轴承同时压在轴上和壳体孔中。

　　②由于分离型轴承（如圆锥滚子轴承、圆柱滚子轴承、滚针轴承等）内、外圈可以自由脱开，装配时内圈和滚动体一起装在轴上，外圈装在壳体内，然后再调整它们之间的游隙。

　　轴承常用的装配方法有锤击法和压入法。图 4-2（a）是用特制套压入，图 4-2（b）是用铜棒对称地在轴承内圈（或外圈）端面均匀敲入。图 4-3是用压入法将轴承内、外圈分别压入轴颈和轴承座孔中的方法。如果轴颈尺寸较大、过盈量也较大时，为装配方便可用热装法，即将轴承放在温度为 80~100℃的油中加热，然后和常温状态的轴配合。轴承加热时应搁在油槽内网格上（图 4-4）。以避免轴承接触到比油温高得多的箱底，又可防止与箱底沉淀污物接触。对于小型轴承，可以挂在吊钩上并浸在油中加热。内部充满润滑油脂带防尘盖或密封圈的轴承，不能采用热装法装配。

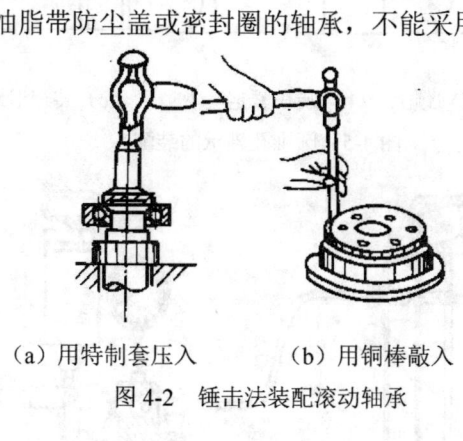

（a）用特制套压入　　（b）用铜棒敲入

图 4-2　锤击法装配滚动轴承

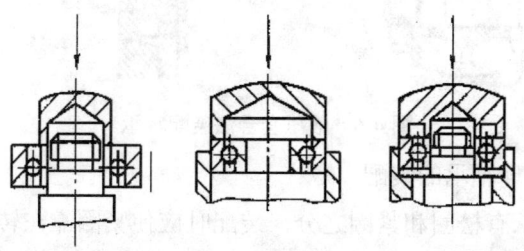

（a）将内圈装　（b）将外圈装入　（c）将内、外圈同时
　　到轴颈上　　　轴承孔中　　　　压入轴承孔中

图 4-3　压入法装配滚动轴承

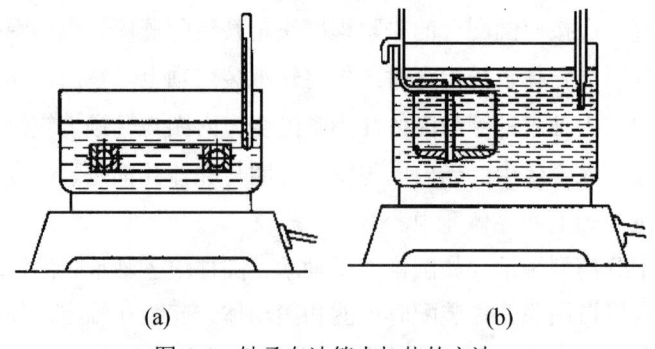

(a)　　　　　　　　　　　　　(b)

图 4-4　轴承在油箱中加热的方法

（2）圆锥孔轴承的装配

过盈量较小时可直接装在有锥度的轴颈上，也可以装在紧定套或退卸套的锥面上（图 4-5）；对于轴颈尺寸较大或配合过盈量较大而又经常拆卸的圆锥孔轴承，常用液压套合法拆卸（图 4-6）。

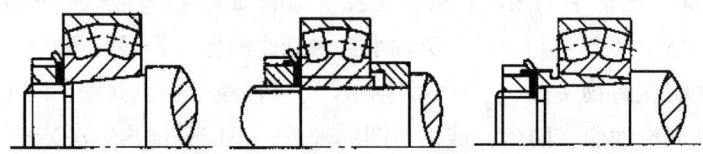

（a）直接装在锥轴颈上　　（b）装在紧定套上　　（c）装在退卸套上

图 4-5　圆锥孔轴承的装配

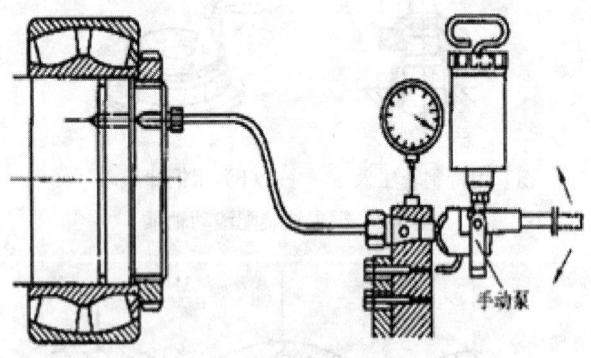

手动泵

图 4-6　液压套合法装配轴承

（3）推力球轴承的装配

推力球轴承有松圈和紧圈之分，装配时应使紧圈靠在转动零件的端面上，松圈靠在静止零件的端面上（图 4-7），否则会使滚动体丧失作用，同时会加速配合零件间的磨损。

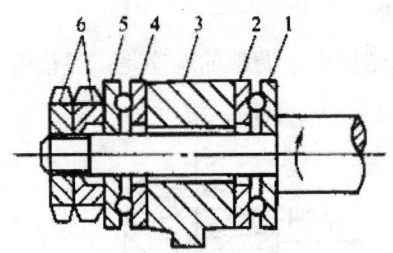

图 4-7　推力球轴承的装配

1、5—紧圈；2、4—松圈；3—箱体；6—螺母

3. 滚动轴承的调整与预紧

1）滚动轴承游隙的调整

滚动轴承的游隙是指将轴承的一个套圈固定，另一个套圈沿径向或轴向的最大活动量。它分径向游隙和轴向游隙两种。

滚动轴承的游隙不能太大，也不能太小。游隙太大，会造成同时承受载荷的滚动体的数量减少，使单个滚动体的载荷增大，从而降低轴承的寿命和旋转精度，引起振动和噪声。游隙过小，轴承发热，硬度降低，磨损加快，同样会使轴承的使用寿命减少。因此，许多轴承在装配时都要严格控制和调整游隙。其方法是使轴承的内、外圈作适当的轴向相对位移来保证游隙。

（1）调整垫片法

通过调整轴承盖与壳体端面间的垫片厚度沙，来调整轴承的轴向游隙（图 4-8）。

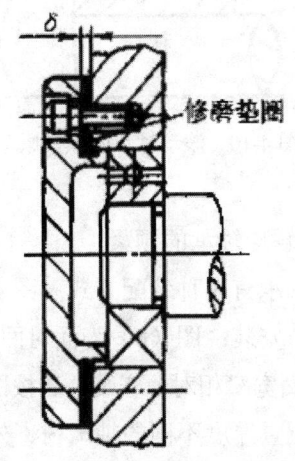

图 4-8　用垫片调整轴承游隙

（2）螺钉调整法

如图 4-9 所示的结构中，调整的顺序是：先松开锁紧螺母 2，再调整螺钉 3，待游隙调整好后再拧紧锁紧螺母 2。

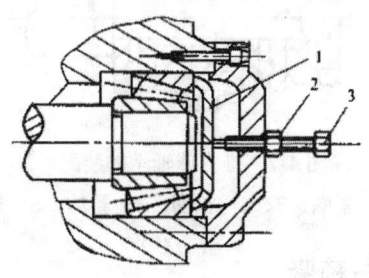

图 4-9　用螺钉调整轴承游隙

1—压盖；2—锁紧螺母；3—螺钉

2）滚动轴承的预紧

对于承受载荷较大，旋转精度要求较高的轴承，大都是在无游隙甚至有少量过盈的状态下工作的，这些都需要轴承在装配时进行预紧。预紧就是轴承在装配时，给轴承的内圈或外圈施加一个轴向力，以消除轴承游隙，并使滚动体与内、外圈接触处产生初变形。预紧能提高轴承在工作状态下的刚度和旋转精度。滚动轴承预紧的原理如图 4-10 所示。

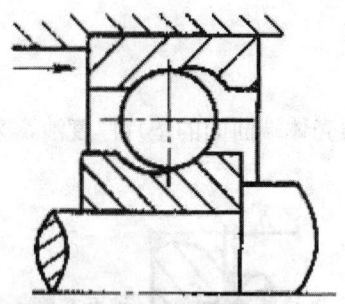

图 4-10　滚动轴承的预紧原理

预紧方法有：

（1）成对使用角接触球轴承的预紧

成对使用角接触球轴承有 3 种装配方式（图 4-11），其中图（a）为背靠背式（外圈宽边相对）安装；图（b）为面对面（外圈窄边相对）安装；图（c）为同向排列（外圈宽窄相对）安装。若按图示方向施加预紧力，通过在成对安装轴承之间配置厚度不同的轴承内、外圈间隔套使轴承紧靠在一起，来达到预紧的目的。

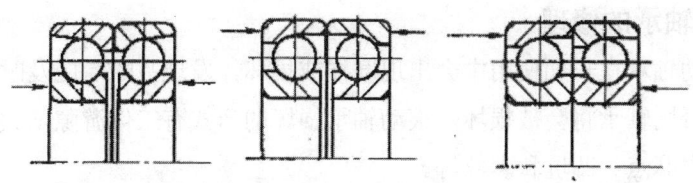

（a）背靠背式　　　（b）面对面式　　　（c）同向排列式

图 4-11   成对安装角接触球轴承

（2）单个角接触球轴承预紧

如图 4-12（a）所示，轴承内圈固定不动，调整螺母 4 改变圆柱弹簧 3 的轴向弹力大小来达到轴承预紧。如图 4-12（b）所示为轴承内圈固定不动，在轴承外圈 1 的右端面安装圆形弹簧片对轴承进行预紧。

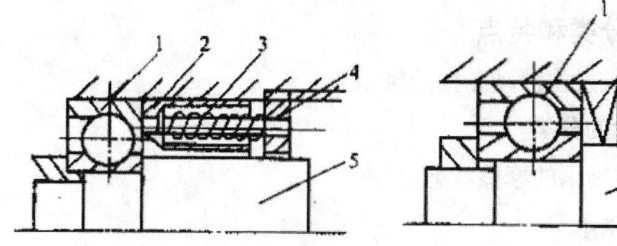

（a）可调式圆柱压缩弹簧预紧装置　　　（b）固定圆形片式弹簧预紧装置

1—轴承外圈；2—预紧环；3—圆柱弹簧；4—螺母；5—轴

1—轴承外圈；2—圆形弹簧片；3—轴

图 4-12   单个角接触轴承预紧

（3）内圈为圆锥孔轴承的预紧

如图 4-13 所示，拧紧螺母 1 可以使锥形孔内圈往轴颈大端移动，使内圈直径增大形成预负荷来实现预紧。

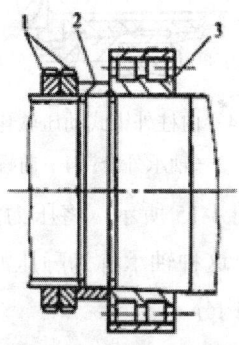

图 4-13   内圈为圆锥孔轴承的预紧

1—螺母；2—隔套；3—轴承内圈

4. 滚动轴承的修理

滚动轴承在长期使用中会出现磨损或损坏，发现故障后应及时调整或修理，否则轴承将会被损坏。滚动轴承损坏的形式有工作游隙增大，工作表面产生麻点、凹坑和裂纹等。

对于轻度磨损的轴承可通过清洗轴承、轴承壳体、重新更换润滑油和精确调整间隙的方法来恢复轴承的工作精度和工作效率。

对于磨损严重的轴承，一般采取更换处理。

任务 2 滑动轴承的装配与修理

1. 滑动轴承的分类和特点

滑动轴承是仅发生滑动摩擦的轴承。

1）滑动轴承的分类

（1）按滑动轴承的摩擦状态分

①动压润滑轴承

如图 4-14 所示，利用润滑油的粘性和高速旋转把油液带进轴承的楔形空间建立起压力油膜，使轴颈与轴承之间被油膜隔开，这种轴承称为动压润滑轴承。

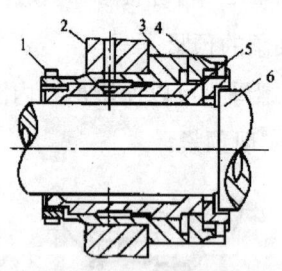

图 4-14 内柱外锥式动压软化轴承

1—后螺母；2—箱体；3—轴承外套；4—前螺母；5—轴承；6—轴

②静压润滑轴承，如图 4-15 所示，将压力油强制送入轴承的配合面，利用液体静压力支承载荷，这种轴承称为静压润滑轴承。

（2）按滑动轴承的结构分

①整体式滑动轴承，如图 4-16 所示，其结构是在轴承壳体内压入耐磨轴套，套内开有油孔、油槽，以便润滑轴承配合面。

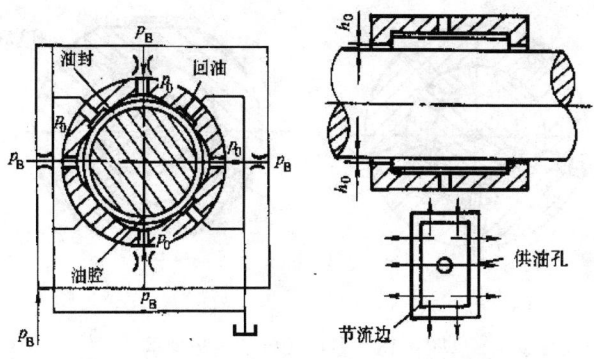

图 4-15　静压润滑轴承

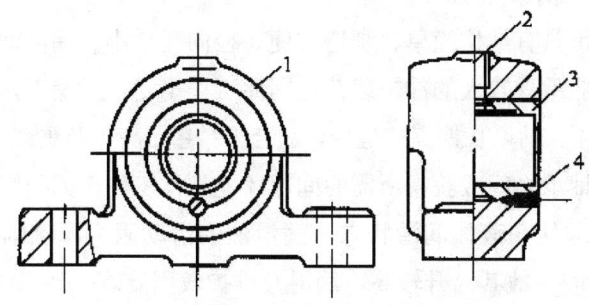

图 4-16　整体式滑动轴承

1—轴承座；2—润滑孔；3—轴套；4—紧固螺钉

②剖分式滑动轴承，如图 4-17 所示，其结构是由轴承座、轴承盖、上轴瓦（轴瓦有油孔）、下轴瓦和双头螺栓等组成，润滑油从油孔进入润滑轴承。

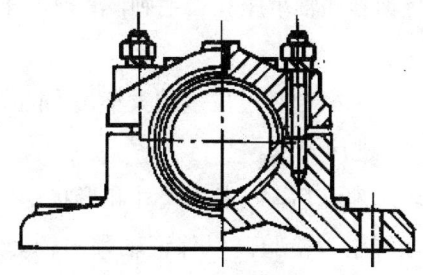

图 4-17　剖分式滑动轴承

③锥形表面滑动轴承，如图 4-14 所示，有内锥外柱式和内柱外锥式两种。

④多瓦式自动调位轴承，如图 4-18 所示，其结构有三瓦式、五瓦式两种，而轴瓦又分长轴瓦和短轴瓦两种。

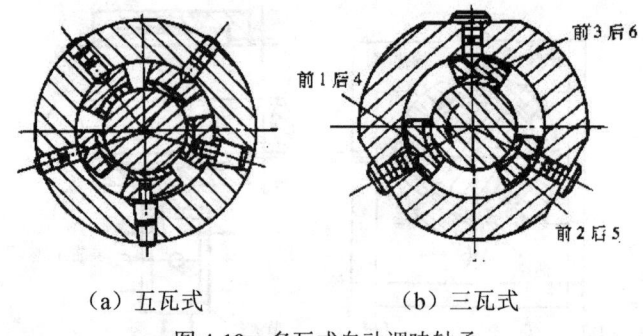

（a）五瓦式　　　　　　（b）三瓦式

图 4-18　多瓦式自动调味轴承

2）滑动轴承的特点

滑动轴承具有结构简单、制造方便、径向尺寸小、润滑油膜吸振能力强等优点，能承受较大的冲击载荷，因而工作平稳，无噪声，在保证液体摩擦的情况下，轴可长期高速运转，适合于精密、高速及重载的转动场合。由于轴颈与轴承之间应获得所需的间隙才能正常工作，因而影响了回转精度的提高。即使在液体润滑状态，润滑油的滑动阻力摩擦因数一般仍在 0.08~0.12 之间，故其温升较高，润滑及维护较困难。

2. 滑动轴承的装配

滑动轴承装配的主要技术要求是在轴颈与轴承之间获得合理的间隙，保证轴颈与轴承的良好接触和充分的润滑，使轴颈在轴承中旋转平稳可靠。

1）整体式滑动轴承的装配

（1）装配前，将轴套和轴承座孔去毛刺，清理干净后在轴承座孔内涂润滑油。

（2）根据轴套尺寸和配合时过盈量的大小，采取敲入法或压入法将轴套装入轴承座孔内，并进行固定。

（3）轴套压入轴承座孔后，易发生尺寸和形状变化，应采用铰削或刮削的方法对内孔进行修整、检验，以保证轴颈与轴套之间有良好的间隙配合。

2）剖分式滑动轴承的装配

剖分式滑动轴承的装配工艺如图 4-19 所示。先将下轴瓦 4 装入轴承座 3 内，再装垫片 5，然后装上轴瓦 6，最后装轴承盖 7 并用螺母 1 固定。

剖分式滑动轴承装配要点：

（1）上、下轴瓦与轴承座、盖应接触良好，同时轴瓦的台肩应紧靠轴承座两端面。

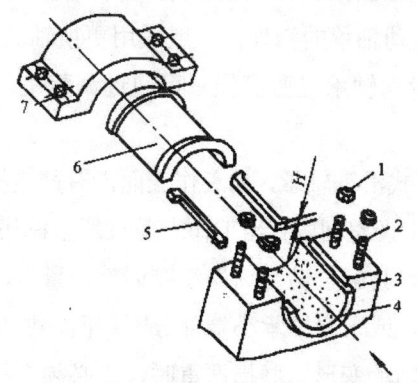

图 4-19　剖分式滑动轴承装配工艺

1—螺母；2—双头螺栓；3—轴承座；4—下轴瓦；5—垫片；6—上轴瓦；7—轴承盖

（2）为实现紧密配合，保证有合适的过盈量，薄壁轴瓦的剖分面应比轴承座的剖分面高一些。

（3）为提高配合精度，轴瓦孔应与轴进行研点配刮。

3）内柱外锥式滑动轴承的装配（图 4-14）

（1）将轴承外套 3 压入箱体 2 的孔中，并保证有 H7/r6 配合要求。

（2）用芯棒研点，修刮轴承外套 3 的内锥孔，并保证前、后轴承孔的同轴度。

（3）在轴承 5 上钻油孔，要求与箱体、轴承外套油孔相对应，并与自身油槽相接。

（4）以轴承外套 3 的内孔为基准研点，配刮轴承 5 的外圆锥面，使接触精度符合要求。

（5）把轴承 5 装入轴承外套 3 的孔中，两端拧上螺母 1、4，并调整好轴承 5 的轴向位置。

（6）以主轴为基准，配刮轴承 5 的内孔，使接触精度合格，并保证前、后轴承孔的同轴度符合要求。

（7）清洗轴颈及轴承孔，重新装入主轴，并调整好间隙。

3. 滑动轴承的修理

滑动轴承的损坏形式有工作表面的磨损、烧熔、剥落及裂纹等。造成这些缺陷的主要原因是油膜因某种原因被破坏，从而导致轴颈与轴承表面产生直接摩擦。

对于不同轴承形式的缺陷，采取的修理方法也不同：

（1）整体式滑动轴承的修理，一般采用更换轴套的方法。

（2）剖分式滑动轴承轻微磨损，可通过调整垫片、重新修刮的办法处理。

（3）内柱外锥式滑动轴承，如工作表面没有严重擦伤，仅作精度修整时，可以通过螺母来调整间隙；当工作表面有严重擦伤时，应将主轴拆卸，重新刮研轴承，恢复其配合精度。当没有调整余量时，可采用喷涂法等加大轴承外锥圆直径，或车去轴承小端部分圆锥面，加长螺纹长度以增加调整范围等方法。当轴承变形、磨损严重时，则必须更换。

（4）对于多瓦式滑动轴承，当工作表面出现轻微擦伤时，可通过研磨的方法对轴承的内表面进行研抛修理。当工作表面因抱轴烧伤或磨损较严重时，可采用刮研的方法对轴承的内表面进行修理。

项目 5

CA6140 型卧式车床的装配与修理

【项目描述】此项目内容是针对典型设备的修理作业，工艺成熟，知识内容广，对于更好的提高修理技能有很好的师范性、代表性。

【项目分析】理论为基础，突出实践

【项目目标】

①会对卧式车床的主要零件进行精度检查。

②能正确实施日常维护。

③检查并分析车床故障原因，且通过维修手段予以排除。

④确实施中修、大修工艺。

任务 1　CA6140 型卧式车床简介

1. 主轴箱

主轴箱是用于安装主轴，实现主轴旋转及变速的部件。图 5-1 为 CA6140 型卧式车床主轴箱展开图，它是将传动轴沿轴心线剖开，按照传动的先后顺序将其展开而形成的。

在展开图中，通常主要表示各传动件（轴、齿轮、蜗杆等）的传动关系、各传动轴及主轴结构、装配关系和尺寸、轴与箱体的连接、轴承支座结构等。

下面介绍主轴箱中主要结构及调整方法。

1）双向多片式摩擦离合器

如图 5-2 所示是车床主轴箱内的双向多片式摩擦离合器，它的作用是实现主轴启动、停止、换向及过载保护作用。该离合器具有左、右两组摩擦片，每组用若干个内、外摩擦片相间排叠组成。利用摩擦片在相互压紧时接触面之间所产生的摩擦力传递运动和转矩。带花键孔的内摩擦片 3（图 5-2（b）与轴 4 上的花键相连接；外摩擦片 2 的内孔是光滑圆柱孔，空套

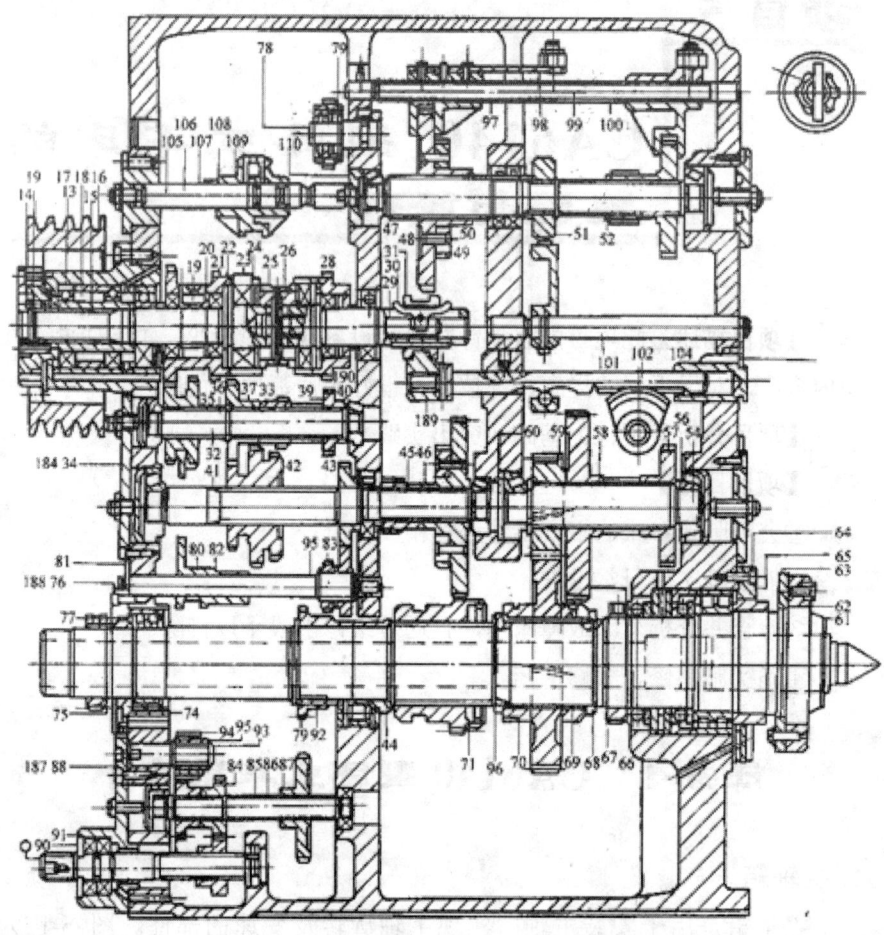

图 5-1　CA6140 型卧式车床主轴箱展开图

　　在轴 4 的花键外圆上，外摩擦片外圆上有 4 个凸齿，卡在空套齿轮 1 套筒部分的缺口内。内、外摩擦片在未被压紧时，它们互不联系。当操作装置将滑环 9（图 5-2（a））向右移动时，杆 7（在轴 4 孔内）上的摆杆 8 绕支点摆动，其下端就拨动杆 7 向左移动。杆 7 左端有一固定销，使螺圈 6 及加压套 5 向左压紧左边的一组摩擦片（3 和 2），通过摩擦片间摩擦力，将转矩由轴 4 传给空套齿轮 1。同理，当用操作装置将滑环 9 向左移动时，压紧右边的一组摩擦片，将转矩由轴 4 传给右边的齿轮，这样可使主轴反转。当滑环在中间位置时，左右两组摩擦片都处于松开状态，轴 4 的运动不能传给齿轮，主轴即停止转动。

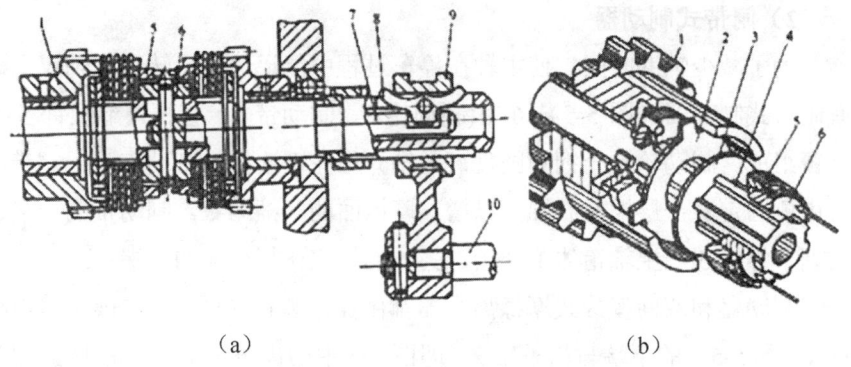

（a）　　　　　　　　　　　　　　　　（b）

图 5-2　多片式摩擦离合器

离合器内，外摩擦片松开状态时的间隙要适当。如间隙过大，在压紧时会互相打滑，不能传递足够的扭矩，易产生闷车现象，并易使摩擦片磨损；如间隙过小，易损坏操作装置中的零件，停车时松不开，加剧磨损、发热。其调整方法是：先把弹簧销 11（图 5-3）从加压套 5 的缺口中按下，然后转动加压套，使其相对螺圈 6 作小量的轴向位移，即可改变摩擦片的间隙。调整后应使弹簧销从加压套的任一个缺口中弹出，以防加压套在旋转中松脱。

摩擦离合器的压紧和松开由如图 5-4 所示的操作装置操作。向上提起手柄 6 时，通过杠杆 5、连杆 4、杠杆 3，使轴 2 和扇形齿 1 顺时针转动，传动齿条轴 13（图 5-2（a）中的轴 10）右移，便可压紧左边的一组摩擦片，使主轴正转。向下扳动手柄 6 时，右边的一组摩擦片被压紧，主轴反转。当手柄在中间位置时，左、右两组摩擦片都松开，主轴停止转动。

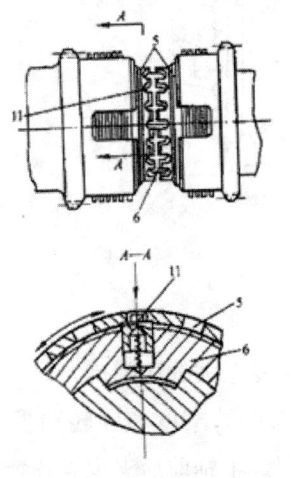
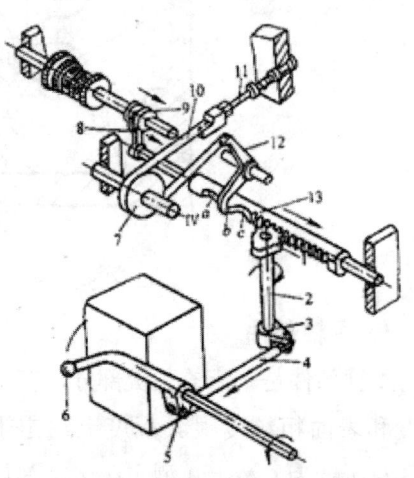

图 5-3　多片式摩擦离合器的调整　　图 5-4　摩擦离合器、制动器的操作装置

2）闸带式制动器

为了减少辅助时间，使主轴在停车过程中能迅速停止转动，轴Ⅳ上装有闸带式制动器（图5-5）。它由制动轮8、制动带7、杠杆调节螺钉5和弹簧组成。制动轮是一钢制圆盘，与轴介用花键连接。制动带为一钢带，其内侧固定着一层铜丝石棉，以增加摩擦面的摩擦因数。制动带的一端通过调节螺钉5与主轴箱体1连接，另一端固定在杠杆4的上端。

制动器和双向多片式摩擦离合器都由操作装置（图5-4）操作。当杠杆4（图5-5）的下端与齿条轴2（即图5-4中的齿条轴13）上的圆弧凹部a或c接触时主轴处于正转或反转状态，制动带被放松移动齿条轴，当其上的凸起部分b对正杠杆4时，使杠杆4绕轴3摆动而拉紧制动带7，此时，离合器处于松开状态，轴Ⅳ和主轴便迅速停止转动。

如要调整制动带的松紧程度，可将螺母6松开后旋转螺钉5。在调整合适的情况下，当主轴旋转时，制动带能完全松开，而在离合器松开时，主轴能迅速停转。

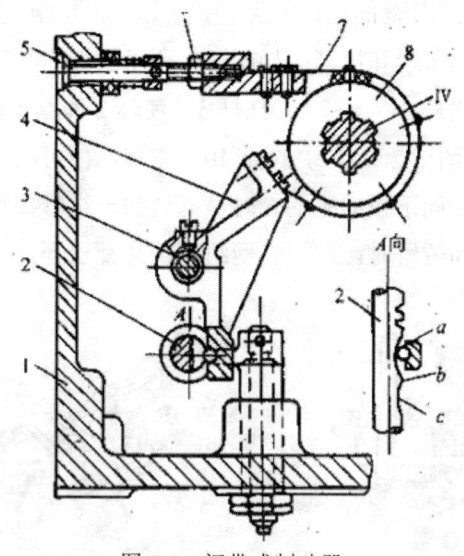

图 5-5　闸带式制动器

3）主轴部件

主轴部件是车床的关键部分，在工作时承受很大的切削抗力。工件的精度和表面粗糙度很大程度上决定于主轴部件的刚度和回转精度。如图 5-6 所示为 CA6140 型车床主轴部件结构图。主轴前后支承处各装有一个双列短圆柱滚子轴承 7 和 3，中间支承处还装有一个圆柱滚子轴承（图

5-6)，用于承受切深抗力。双列短圆柱滚子轴承的刚度和承载能力大、旋转精度高、且内圈较薄。内孔是 1:12 的锥孔，可通过相对主轴轴颈的轴向移动来调整轴承的间隙，因而可保证主轴有较高的回转精度和刚度。在前支承处还装有一个 60°角接触的双列推力向心球轴承（有些厂家采用两个推力球轴承），用于承受左右两个方向的轴向力。主轴是一个空心的阶台轴，其内孔用于通过 φ47mm 以下的棒料或安装气动、电动、液压夹具，主轴前端的莫氏 6 号锥孔用于安装前顶尖和心轴，后端的 1:20 锥孔是加工主轴工艺基准面，主轴前端采用短圆锥连接盘式结构，用于安装卡盘或拨盘。

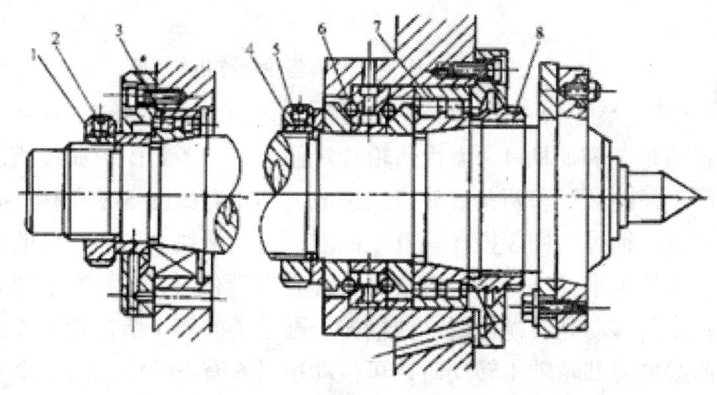

图 5-6　CA6140 型车床主轴部件结构图

　　主轴轴承应在无间隙（或少量过盈）条件下运转，因此，主轴轴承的间隙应定期进行调整。调整时，先拧松螺母 8，松开螺钉 5，再拧紧螺母 4，使轴承 7 的内圈相对主轴锥形轴颈向右移动，由子锥面的作用，轴承内圈产生径向弹性膨胀，将滚子与内、外圈之间的间隙减小，调整合适后，应将锁紧螺钉 5 和螺母 8 拧紧。后轴承 3 的间隙可用螺母 1 调整。一般情况下，只需调整前轴承即可，只有当调整前轴承后仍不能达到要求的回转精度时，才需调整后轴承，中间轴承不调整。

4）主轴变速操作机构

　　主轴箱中共有 7 个齿轮滑块，其中有 5 个用于改变主轴的转速，这些滑块的移动是由操作机构来完成的。下面重点介绍轴 II 和轴 III 上两个滑块的操作机构。图 5-7 是该机构的示意图，主要用来控制轴 II 的双联齿轮有左、右两个啮合位置，轴 III 上的三联齿轮滑块有左、中、右 3 个位置。通过这两个齿轮滑块的不同位置的组合使轴 III 得到 6 种不同的转速。手柄 1 通过传动比为 1:1 的链条带动凸轮轴 2 和手柄同步转动，凸轮轴 2 上装有

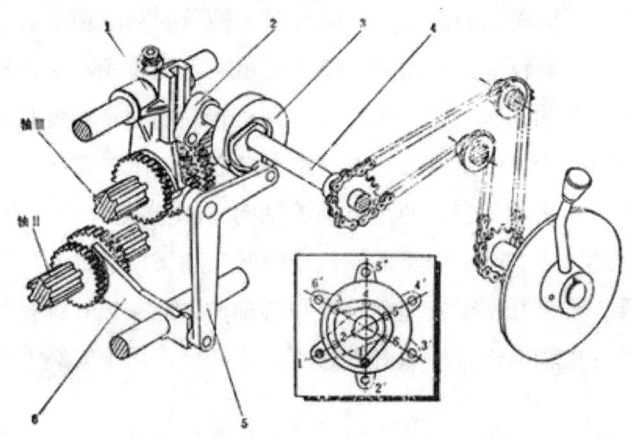

图 5-7　Ⅱ、Ⅲ轴上滑移齿轮操作机构

1—主轴变速手柄；2—凸轮轴；3—盘状凸轮；4—曲柄；5—拨叉；6—杠杆

　　盘状凸轮 2 和曲柄 4。盘状凸轮 2 端面上有一条封闭的曲线槽，它由两段不同半径的圆弧和两条过渡直线组成。凸轮有如图 5-8 所标 1-6 的 6 个变速位置，通过杠杆 3 操作轴Ⅱ上的双联齿轮滑块 A。当杠杆的滚子处于凸轮曲线的大半径时，双联齿轮滑块 A 在左端位置；杠杆滚子若处在小半径时，A 则移动到右端位置。曲柄 4 上圆柱销的滚子装在拨叉 5 的长槽中。当曲线槽随凸轮轴 1 转动时，可拨动拨叉 5 有左、中、右 3 个不同位置，带动三联齿轮滑块 B 有 3 个不同的啮合位置。

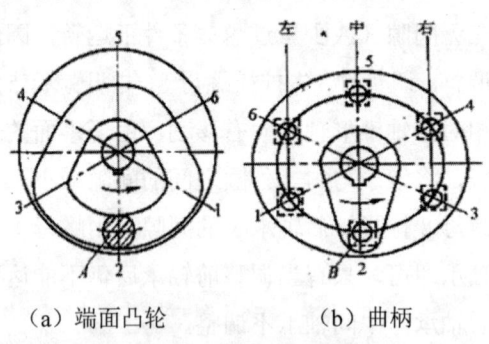

（a）端面凸轮　　　　　　（b）曲柄

图 5-8　变速操作原理图

　　由于盘状凸轮 2 和曲柄 4 同轴，两者同步转动。由图 5-7 可知杠杆 3 的滚子在凸轮曲线的第 1 位置时，双联滑移齿轮处于左端位置、三联滑移齿轮处在中间位置。若将凸轮轴 2 逆时针方向转过 60°，杠杆 3 的滚子由 2 到 3，仍在大半径圆弧内，双联滑移齿轮在左端不动。曲柄 4 转过 60°，则使三联滑移齿轮移到右端位置。由此顺序地转动凸轮轴至各个变速位置，就可使双联滑移齿轮和三联滑移齿轮的轴向位置实现 6 种不同的组合，轴Ⅲ获得 6 种不同转速。

2. 进给箱

如图 5-9 所示为 CA6140 型卧式车床进给箱展开图。进给箱的功能是将主轴箱经挂轮传来的运动进行各种速比的变换，使丝杠、光杠得到不同的转速，以取得不同的进给量和加工不同螺距的螺纹。主要由基本组、增倍组及各种操作机构组成。

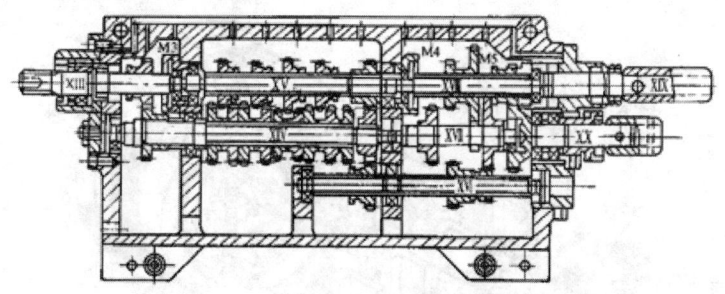

图 5-9　CA6140 型卧式车床进给箱展开图

下面重点介绍基本组的操作机构。进给箱中的基本组由轴 XV 上的 4 个滑移齿轮和轴 XIV 上的 8 个固定齿轮组成。每个滑移齿轮依次与轴 XIV 相邻的两个固定齿轮中的一个啮合，而且要保证在同一时刻内，基本组中只能有一对齿轮啮合。而这 4 个滑移齿轮是由一个手柄集中操作的，图 5-10 为该操作机构的结构和工作原理图。

基本组的 4 个滑移齿轮分别由 4 个拨块 2 来拨动，每个拨块的位置由各自的销子 4 通过杠杆 3 来控制。4 个销子均匀地分布在操作手轮 6 背面的环形槽中，如图 5-10（a）所示。安装时压块的斜面向外斜，以便与销子 4 接触时能向外抬起销子 4，压块 7 的斜面向里斜，与销子 4 接触时向里压销子 4。这样利用环形槽和压块 7 和 7′，操作销子 4 及杠杆 3，使每个拨块及其滑移齿轮依次有左、中、右三种位置。手轮 6 在圆周方向应有 8 个均布位置。它处在图 5-10 所示位置时，只有左上角的销子 4′ 在压块 7′ 的作用下靠在孔 b 的内侧壁上。此时，杠杆将拨动滑移齿轮右移（图 5-10 上为左移），使轴 XV 上第 3 个滑移齿轮 Z=28 左移 4.29，与 Z=26 齿轮啮合。如需改变基本组的传动比时，先将手轮 6 向外拉，由图可知，螺钉 9 尖端沿固定轴 5 的轴向槽移动到环形槽 c 中，这时手轮 6 可以自由转动选位变速。由于销 4 还有一小段保留在槽 c 及孔 b 中，转动手轮 6 时，销 4 回到并沿槽及孔 a、b 中滑过，所有滑移齿轮都在中间位置。当手轮转到所需位置后，例如从图 5-10（b）所示位置逆时针转动 45°（这时孔 a 正对销4′），将手轮重新推入，孔a中压块的斜面将销4向外抬起，通过杠杆将轴XV第3个滑移齿轮推向右端，使Z=28与Z=26齿轮相啮合，从而改变基本组传动比。手轮6沿圆周转一周时，则会使基本组8个速比依次实现。

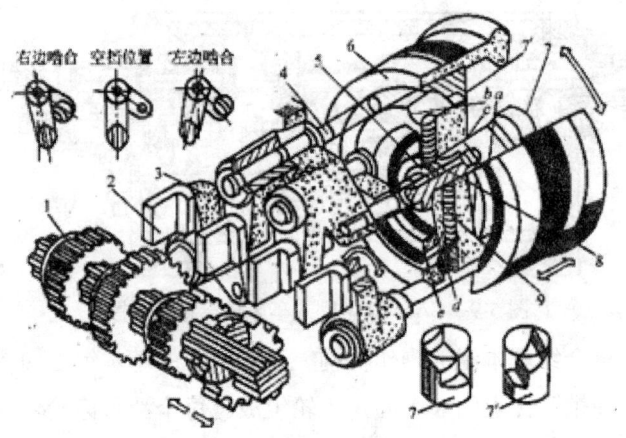

（a）基本组操作机构

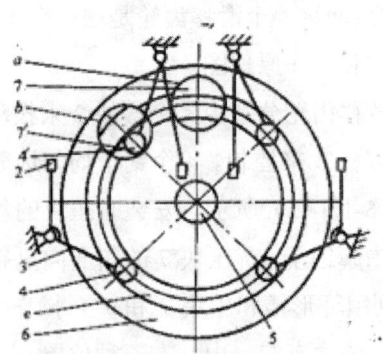

（b）基本组操作机构和工作原理图

图5-10 基本组操作机构的结构和工作原理

1—滑移齿轮；2—拨块；3—杠杆；4—销子；5—固定轴

6—操作手轮；7、7′—压块；8—钢球 9—螺钉

3. 溜板箱

如图5-11所示为CA6140型卧式车床溜板箱展开图，表示了溜板箱中各轴装配关系。溜板箱的作用是将进给箱运动传给刀架，并做纵向、横向机动进给及切削螺纹运动的选择，同时有过载保护作用。

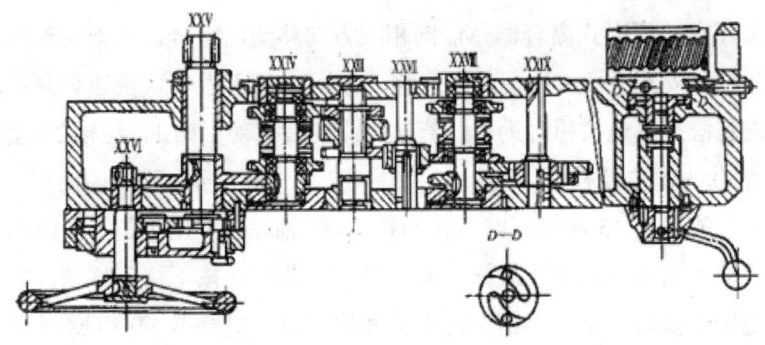

图 5-11 溜板箱展开图

1）开合螺母的操作机构

开合螺母机构如图 5-12 所示（因螺母做成可开合的上下两部分而得名），用来接通和断开切削螺纹运动，顺时针转动手柄 5，通过轴 6 带动曲线槽盘 20 转动。利用其上曲线槽，通过圆柱销带动上半螺母 18 和下半螺母 25，在溜板箱体 21 后面的燕尾导轨相互靠拢，开合螺母与丝杠啮合。若逆时针方向转动手柄 5，则两半螺母相互分离，开合螺母与丝杠脱开。

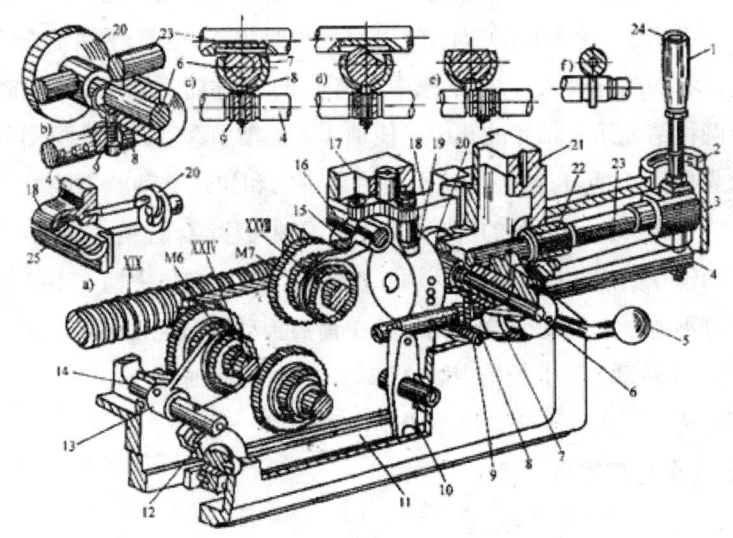

图 5-12 传动操作机构的立体图

2）纵向、横向机动进给及快速移动操作机构

CA6140 型机床纵向、横面机动进给及快速移动由手柄 1 集中操作。当需要纵向移动刀架时，将手柄 1 向相应的方向（向左或向右）扳动，因轴 23 利用其轴肩及卡环 22 轴向固定在箱体上，故手柄 1 只能绕销子 3 摆动，推动Ⅱ使凸轮 12 转动。凸轮曲线槽迫使轴 14 上的拨叉 13 移动，带动轴 XXIV 上的牙嵌式离合器 M_6 向相应方向移动而啮合，刀架实现纵向进给。此时，按下手柄 1 顶端的快速移动按钮 24，刀架实现快速纵向机动进给，直到松开快速按钮时为止。若向前或向后扳动手柄 1，经轴 23 使凸轮 19 上的曲线槽迫使杠杆 17 摆动，杠杆 17 另一端的销子拨动轴 16 以及固定在其上的拨叉 15 向前或向后轴向移动，使轴 XXVIII 上的 M7 向相应的方向移动而啮合。刀架实现横向机动进给。此时，按下快速移动按钮，刀架实现快速横向进给。手柄 1 处于中间位置时，离合器 M_6 和 M7 都脱开，此时，已断开机动进给及快速移动。

3）互锁机构

互锁机构的作用是当接通机动进给或快速移动时，开合螺母不能合上；合上开合螺母时，则不允许接通机动进给或快速移动。

如图 5-12 所示为开合螺母操作手柄 5 和刀架进给与快速移动操作手柄 1 之间的互锁机构放大图。图 5-12 c）~f）为互锁机构原理图。图 5-12c）为停车位置状态，即开合螺母脱开，机动进给也未接通，此时可任意扳动手柄 1 或手柄 5。图 5-12d）为合上开合螺母时状态，由于手柄轴 6 转过一定角度，它的凸肩进入轴 23 的槽中，将轴 23 卡住而不能转动。同时，凸肩又将圆柱销 8 压入轴 4 的孔中，使轴 4 不能轴向移动。由此可知，如合上开合螺母，手柄 1 被锁住，因而机动进给和快速移动就不能接通。图 5-12e）为接通纵向进给时的情况。此时，因轴向移动，柱销 8 被轴 4 顶住，卡在手柄轴 6 凸肩的凹坑中手柄轴 6 被锁住，开合螺母手柄 5 不能扳动，开合螺母不能合上。图 5-12f）为手柄 1 前后扳动的情况，这时横向机动进给。因轴 23 转动，其上长槽也随之转动，于是手柄轴 6 凸肩被轴 23 顶住，轴 6 不能转动，所以开合螺母不能闭合。

4）安全与超越离合器

（1）单向超越离合器

在 CA6140 型卧式车床的进给传动链中，当接通机动进给时，光杠 XX 的运动经齿轮副传动蜗杆轴作慢速转动。当接通快速移动时，快速电动机经一对齿轮副传动蜗杆轴作快速运动。这两种不同转速的运动同时传到一根轴上，而使轴不受损坏的机构称为超越离合器。

如图 5-13 所示为安全与超越离合器的结构图。图中单向超越离合器由齿轮 6、星状体 9、滚柱 8、弹簧 14 和顶销 13 等组成。滚柱 8 在弹簧和顶

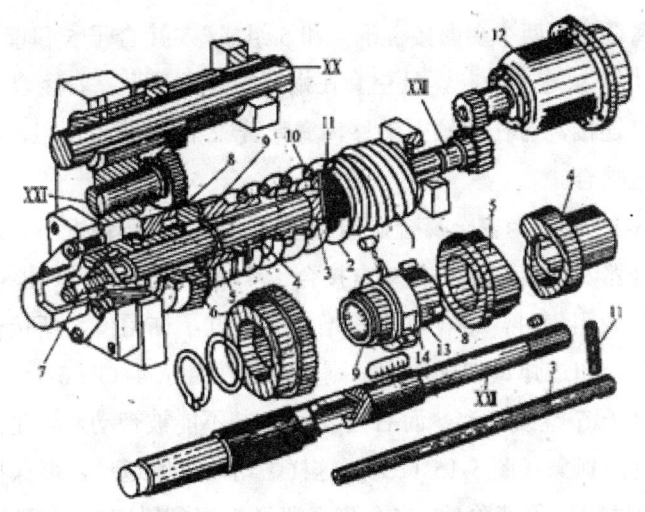

图 5-13　安全与超越离合器的结构图

　　销的作用下，楔紧在齿轮 6 和星状体 9 的楔缝里，如图 5-14 所示。机动进给时，齿轮 6 逆时针转动，使滚柱在齿轮 6 及星状体 9 的楔缝中越挤越紧，从而带动星状体旋转，使蜗杆轴慢速转动。假若同时接通快速移动，星状体是直接随蜗杆轴一起做逆时针快速转动。此时由于星状体 9 比齿轮 6 转得快，迫使滚柱 8 压缩弹簧 14 到楔缝端宽，则齿轮 6 的慢速转动不能传给星状体，即切断了机动进给。当快速电动机停止时，蜗杆轴又恢复慢速转动，刀架重新获得机动进给。

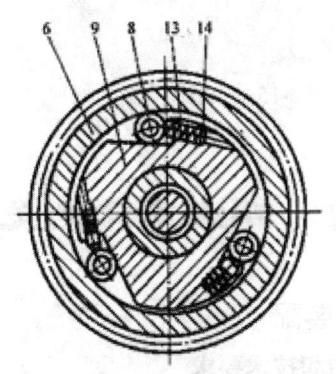

图 5-14　单向超越离合器工作原理

　　（2）安全离合器

　　也称为过载保护机构。它的作用是在机动进给过程中，当进给力过大或进给运动受到阻碍时，可以自动切断进给运动，保护传动零件在过载时不发生损坏。

安全离合器由两个端面接合子 4 和 5 组成，左接合子 5 和单向超越离合器的星状体 9 连在一起，且空套在蜗杆轴ⅩⅩⅡ上；右接合子 4 和蜗杆轴用花键连接，可在该轴上滑移，靠弹簧 2 的弹簧力作用，与左接合子 5 紧紧地啮合。

如图 5-15 所示为安全离合器的原理图。正常进给情况下，运动由单向超越离合器及左接合子 5 带动右接合子 4，使蜗杆轴转动（图 5-15（a））。当出现过载或阻碍时，蜗杆轴扭矩增大并超过了许用值，两接合端面处产生的轴向力超过弹簧 2 的压力，则推开右接合子 4（图 5-15（b））。此时，左接合子 5 继续转动，而右接合子 4 却不能被带动，于是两接合子之间产生打滑抓象（图 5-15（c））。这样，切断进给运动，可保护机构不受损坏。当过载现象消除后，安全离合器又恢复到原来的正常工作状态。机床许用的最大进给力由弹簧 2 的弹簧力大小来决定。拧动螺母 7，通过拉杆 3 和圆柱销 11 即可调整止推套 10 的轴向位置，从而调整弹簧的弹力。

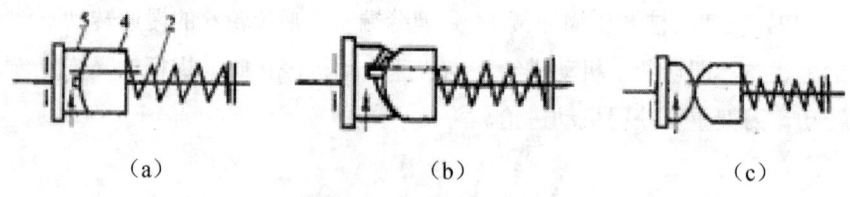

（a）　　　　　　　　（b）　　　　　　　　（c）

图 5-15　安全离合器的原理图

任务 2　卧式车床的总装配

1. 床身与床脚结合的装配

1）床身导轨的作用和技术要求

床身导轨是床鞍移动的导向面，是保证刀具移动直线性的关键。如图 5-16 所示为 CA6140 型卧式车床床身导轨的截面图。其中 2、6、7 为床鞍用导轨，3、4、5 为尾座用导轨，1、8 为下压板用导轨。

床身与床脚用螺钉连接，是车床的基础，也是车床总装配的基准部件。要求如下：

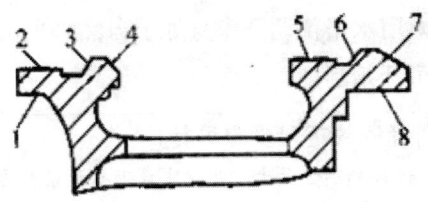

图 5-16　卧式车床床身导轨的截面图

（1）床身导轨的几何精度

各导轨在垂直平面与水平面内的直线度符合技术要求，且在垂直平面只许中凸，各导轨和床身齿条安装面应平行于床鞍导轨。

（2）接触精度

刮削导轨每 25mm×25mm 范围内接触点不少于 10 点。磨削导轨则以接触面积大小评定接触精度的高低。

（3）表面粗糙度

刮削导轨表面粗糙度一般在 R1.6 以下；磨削导轨表面粗糙度在 R0.8 以下。

（4）硬度

一般导轨表面硬度应在 170HB 以上，并且全长范围硬度一致。与之相配合件的硬度应比导轨硬度稍低。

（5）导轨稳定性

导轨在使用中应不变形。除采用刚度大的结构外，还应进行良好的时效处理，以消除内应力，减少变形。

2）床身与床脚结合的装配

（1）床身装到床脚上

先将结合面的毛刺清除并倒角。结合面间加入 1~2mm 厚纸垫，在床身、床脚连接螺钉下垫厚平垫圈，以保证结合面平整贴合，防止床身紧固时发生变形，同时可防止漏油。

（2）床身导轨精加工方法

对导轨的精加工有精磨法、精刨法和刮研法三种，目前应用最广的为精磨法，它是将床身导轨在导轨磨床（或龙门刨床加磨具）一次装夹磨削完成，从而保证床鞍导轨和尾座导轨的直线度和平行度。采用适当的压紧方法还能使磨削的导轨达到中凸的理想要求，同时具有较好的表面粗糙度和较高的生产效率。

刮研法是单件小批生产或机修中常用的方法，刮削前将可调垫铁置于床脚地脚螺钉附近，用水平仪调整床身处于自然水平位置，各垫铁受力均匀，床身稳定后即可开始刮削。

大师点睛

刮研法按下列步骤进行：

1）选择刮削量最大、导轨中最重要和精度要求最高的床身导轨6、7作为刮削基准（图5-17），用平尺研点，刮削基准导轨面6、7。用水平仪和垫铁测量导轨直线度并绘导轨曲线图，待刮削至导轨直线度、接触研点数和表面粗糙度均符合要求为止。

2）以6、7面为基准，用平尺研点，刮平导轨2，要保证其直线度以及与基准导轨面6、7的平行度要求。

3）以床身导轨为基准刮削尾座导轨3、4、5面，使其达到自身精度以及与溜板导轨的平行度要求。

4）刮削压板导轨1、8，要求达到与床鞍导轨的平行度要求，并达到自身精度要求。

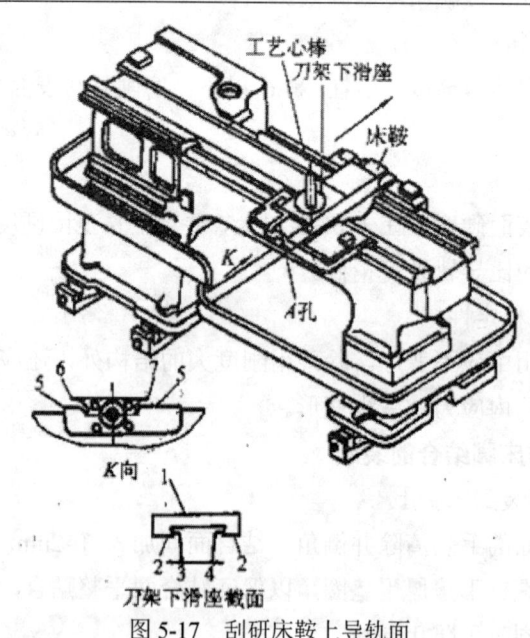

图5-17 刮研床鞍上导轨面

2. 床鞍配刮与床身装配

床鞍部件保证刀架直线运动的关键。床鞍上、下导轨面分别与床身导轨和刀架下滑座（中滑板）配刮完成。床鞍配刮步骤如下：

1）配刮横向燕尾导轨

（1）将床鞍放在床身导轨上，可减少刮削时床鞍变形。以刀架下滑座的表面2、3为基准（刀架下滑座各面已刮削或磨削好），配刮床鞍横向燕尾导轨表面5、6，如图5-17所示。推研时，手握工艺心棒，以保证安全。

表面 5 和 6 刮后应满足对横向丝杠 A 孔的平行度要求。

（2）修刮燕尾导轨面 7，保证其与表面 6 的平行度，以保证刀架横向移动的顺利，如图 5-18 所示。

2）配镶条

配镶条的目的是使刀架横向进给时有准确间隙，并能在使用过程中，不断调整间隙，保证足够寿命。镶条按中滑板燕尾导轨和下滑座配刮，使刀架下滑座在中滑板燕尾导轨全长上移动时，无明显轻重或松紧不均匀的现象，并保证镶条大端有 10～15mm 的调整余量。燕尾导轨与刀架下滑座配合表面之间用 0.03 塞尺检查，插入深度不大于 20mm（图 5-19）。

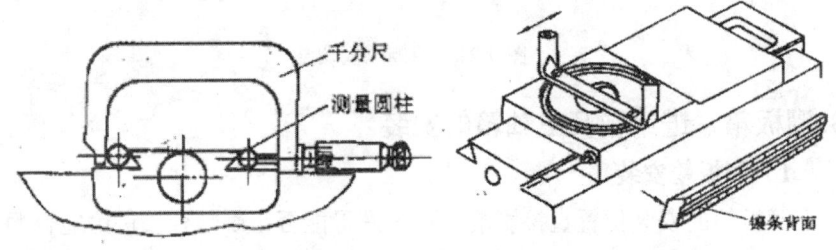

图 5-18 测量燕尾导轨的平行度　　　　图 5-19 配刮燕尾导轨的镶条

3）配刮床鞍下导轨面

以床身导轨为基准，刮研床鞍与床身配合的表面至接触点要求，并按图 5-20 所示检查床鞍上、下导轨的垂直度。测量时，先纵向移动床鞍，校正床头放的 90°直角平尺的一个边与床鞍移动方向平行，然后将一百分表移放到刀架下滑座上，沿燕尾导轨全长上移动，百分表的最大读数值就是床鞍上、下导轨面垂直度误差。超过允差时，应刮研床鞍与床身结合的下导轨面，直至合格，且本项精度只许偏向床头。

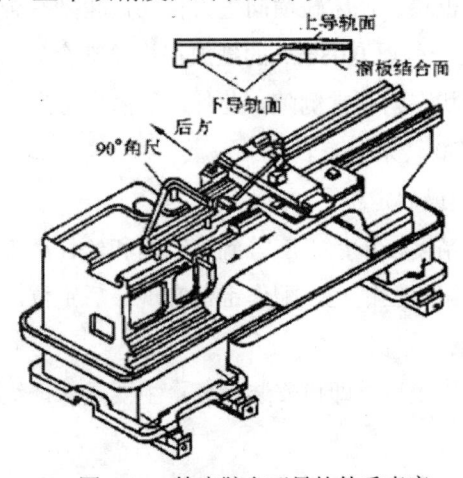

图 5-20 检查鞍上下导轨的垂直度

刮研床鞍下导轨面达到垂直度要求的同时，还要保证其上溜板箱安装面在横向与进给箱、托架安装面垂直以及在纵向与床身导轨平行两项刮削要求。

配刮完成后如图 5-21 所示，装上两侧压板并调整好适当的配合间隙，以保证全部螺钉调整紧固后，推动床鞍在导轨全长上移动应无阻滞现象。

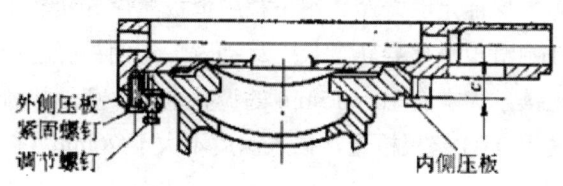

外侧压板
紧固螺钉
调节螺钉
内侧压板

图 5-21　两侧压板调整

3. 溜板箱、进给箱及主轴箱的安装

1）溜板箱安装

溜板箱的安装位置直接影响丝杠、螺母能否正确啮合，进给能否顺利进行，是确定进给箱和丝杠后支架安装位置的基准。确定溜板箱位置应按下列步骤进行：

（1）校正开合螺母中心线与床身导轨平行度如图 5-22 所示，在溜板箱的开合螺母体内卡紧检验心轴，在床身检验桥板上紧固丝杠中心专用测量工具（图 5-22（b）），分别在左、右两端校正检验心轴上母线和侧母线与床身导轨的平行度，其误差应在 0.15mm 以下。

（2）确定溜板箱左右位置

左右移动溜板箱，使床鞍横向进给传动齿轮副有合适的齿侧间隙，如图 5-23 所示。将一张厚 0.08mm 的纸放在齿轮啮合处，转动齿轮使印痕呈现将断与不断的状态为正常侧隙。此外，侧隙也可通过控制横向进给手轮空转量不超过 1/30 转来检查。

（3）溜板箱最后定位

溜板箱预装精度校正后，应等到进给箱和丝杠后支架的位置校正后，才能钻、铰溜板箱定位销孔，配作锥销实现最后定位。

2）安装齿条

溜板箱位置校正后，即可安装齿条，主要是保证纵向走刀小齿轮与齿条的啮合间隙。

齿条拼装时，应用标准齿条进行跨接校正，如图 5-24 所示。校正后，两根相接齿条的接合端面之间，须留有 0.5mm 左右的间隙。

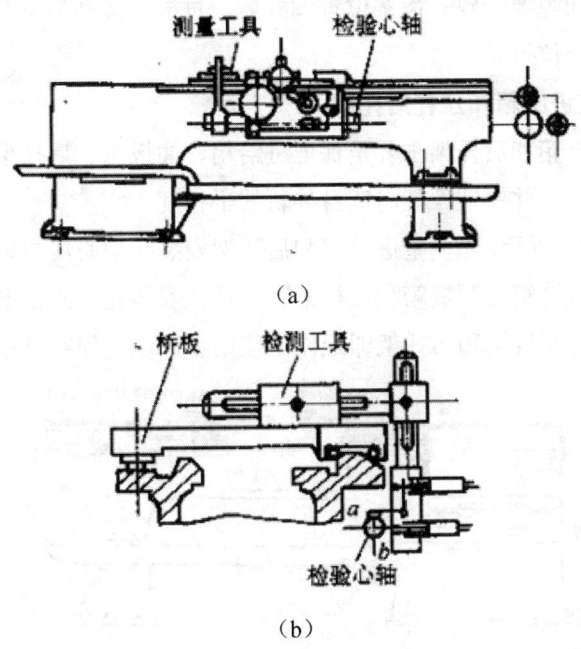

（a）

（b）

图 5-22   校正开合螺母中心线与床身导轨平行度

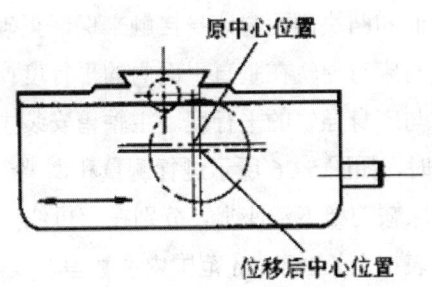

图 5-23   溜板箱左右位置的确定

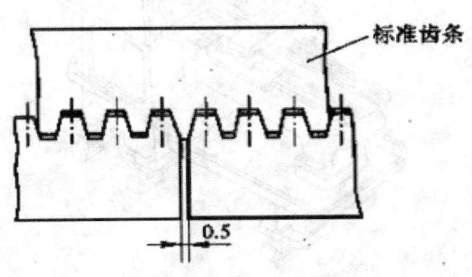

图 5-24   齿条跨节校正

齿条安装后，必须在床鞍行程的全长上检查纵向走刀小齿轮与齿条的啮合间隙，间隙要一致。齿条位置调好后，每根齿条都配两个定位销钉，以确定其安装位置。

3）安装进给箱和丝杠后托架

安装进给箱和后托架主要是保证进给箱、溜板箱、后托架上安装丝杠三孔的同轴度，并保证丝杠与床身导轨的平行度。

如图 5-25 所示，先调整进给箱和后托架安装孔中心线与床身导轨平行度，再调整进给箱、溜板箱和后托架三者丝杠安装孔的同轴度。调整合格后，进给箱、溜板箱和后托架即配作定位销钉，以确保精度不变。

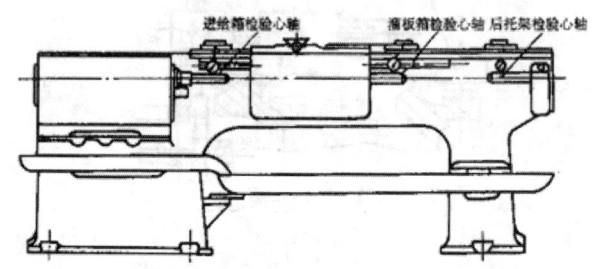

图 5-25　安装进给箱和丝杠后托架

4）主轴箱的安装

主轴箱以底平面和凸块侧面与床身接触来保证正确安装位置。底面是用来控制主轴轴线与床身导轨在垂直平面内的平行度；凸块侧面是控制主轴轴线在水平面内与床身导轨的平行度。主轴箱安装主要是保证这两个方向的平行度。安装时，如图 5-26 所示进行测量和调整。主轴孔插入检验心轴，百分表座吸在床鞍刀架下滑座上，分别在上母线（a 处）和侧母线（b 处）上测量，百分表在全长 300mm 范围内读数差，就是平行度误差值。

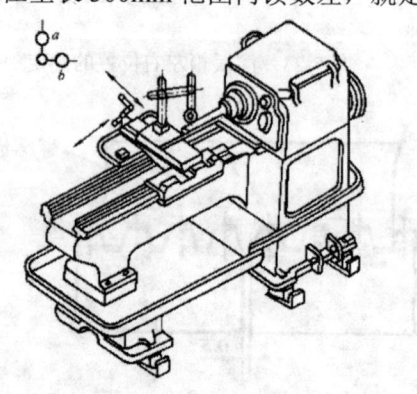

图 5-26　主轴轴线与床身导轨平行度测量

安装要求是：上母线为 0.03/300mm，只许检验心轴外端向上抬起（俗称"抬头"），若超差，则刮削结合面；侧母线为 0.015/300mm，只许检验心轴偏向操作者方面（俗称"里勾"），若超差，可通过刮削凸块侧面来满足要求。

为消除检验心轴本身误差对测量的影响，测量时旋转主轴 180°做两次测量，两次测量结果的平均值就是平行度误差。

4. 尾座的安装

1）调整尾座的安装位置

以床身上尾座导轨为基准，配刮尾座底板，使其达到床鞍移动对尾座套筒伸出长度的平行度和床鞍移动对尾座套筒锥孔中心线的平行度两项精度要求。如图 5-27 所示。

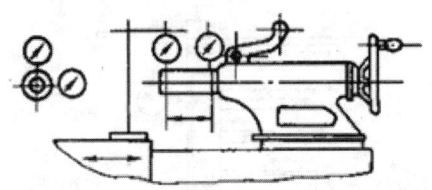

（a）床鞍移动对尾座套筒升出长度的平行度测量

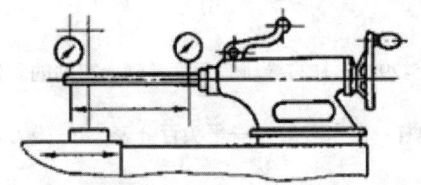

（b）床鞍移动对尾座锥孔中心线平行度测量

图 5-27　尾座套筒轴线对床身导轨平行度测量

2）调整主轴锥孔中心线和尾座套筒锥孔中心线对床身的等高度

如图 5-28 所示，此项误差允许尾座方向高 0.06mm，若超差，可通过修刮尾座底板来达到要求。

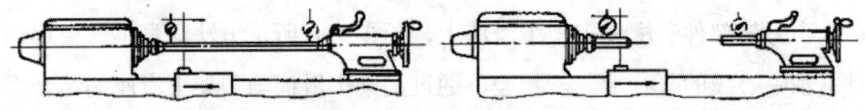

（a）用两顶尖和标注检验心轴测量　　（b）用两标准检验心轴测量，经计算求得

图 5-28　主轴锥孔中心线和尾座套锥孔中心线对床身导轨的等高度

5. 安装丝杠、光杠

溜板箱、进给箱、后托架的三支承孔同轴度校正后，就能装入丝杠、光杠。

丝杠装入后，应检验丝杠两轴承中心线和开合螺母中心线对床身导轨的等距度（图 5-29（a））、丝杠的轴向窜动等两项精度要求。如图 5-29（b）所示。

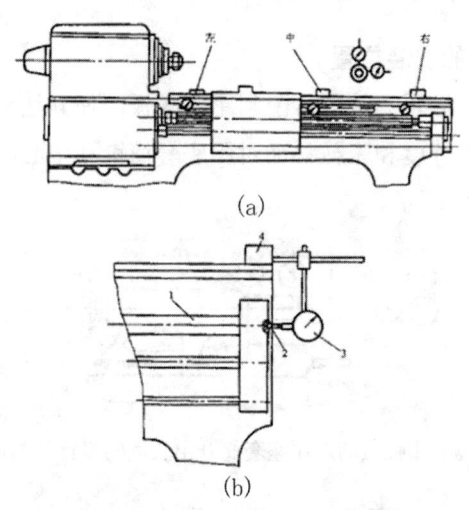

(a)

(b)

图 5-29　丝杠与导轨等距度及轴向窜动的测量

1—丝杠；2—钢球；3—平头百分表；4—磁力表座

丝杠两轴承中心线和开合螺母中心线对床身导轨的等距度测量可用图 5-29（b）所示的专用工具在图 5-29（a）左、中、右 3 处测量，测量时开合螺母应是闭合状态，3 个位置中对导轨相对距离的最大差值，就是等距度误差。

6. 安装刀架

小刀架部件装配在刀架下滑座上，按图 5-30 所示方法测量小滑板移动对主轴中心线的平行度。若超差，通过刮削小滑板与刀架下滑座的结合面来修整。

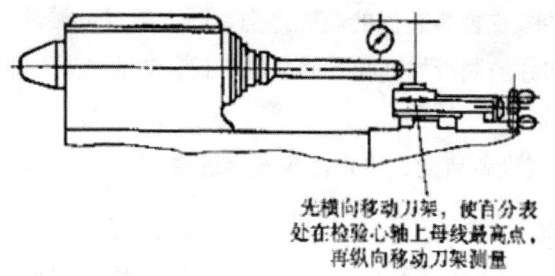

图 5-30　小滑板移动对主轴中心线的平行度测量

7. 安装其他部件

（1）安装电动机，调整好两带轮中心平面的位置精度及 V 带的预紧程度。

（2）安装交换齿轮架及其安全防护装置。

（3）完成操作杆与主轴箱的传动连接系统。

任务3　卧式车床的试车和验收

车床经大修、总装配后，必须进行试车和验收。试车和验收包括 4 个方面。

1. 静态检查

这是车床进行空运转和切削试验之前的检查，主要是检查车床各部是否安全、可靠，以保证试车时不出事故。主要从以下几方面检查：

（1）用手转动各传动件，应运转灵活。

（2）变速手柄和换向手柄应操作灵活、定位准确、安全可靠。手轮或手柄转动时，其转动力用拉力器测量，不应超过 80N。

（3）移动机构的反向空行程量应尽量小，直接传动的丝杠，空行程不得超过回转圆周的 1/30 转；间接传动的丝杠，空行程不得超过 1/20 转。

（4）床鞍、滑板等滑动导轨在行程范围内移动时，应轻重均匀和平稳。

（5）尾座套筒在尾座孔中作全长伸缩，应滑动灵活而无阻滞，手轮转动轻快，锁紧机构灵敏无卡死现象。

（6）开合螺母机构开合准确可靠，无阻滞或过松的感觉。

（7）安全离合器应灵活可靠，在超负荷时，能及时切断运动。

（8）挂轮架交换齿轮间的侧隙适当，固定装置可靠。

（9）各部分的润滑加油孔有明显的标记，清洁畅通。油线清楚，插入深度与松紧合适。

（10）电气设备启动、停止，应安全可靠。

2. 空运转试验

空运转试验是在无负荷状态下启动车床，检查主轴转速。从最低转速依次提高到最高转速，各级转速的运转时间不少于 5 分钟。最高转速的运转时间不少于 30 分钟。同时，对机床的进给机构也要进行低、中、高进给量及纵横快速移动的空运转，并检查润滑液压泵输油情况。

车床空运转时应满足以下要求：

（1）在所有的转速下，车床的各部工作机构应运转正常，不应有明显的振动。各操作机构应平稳、可靠、无异常响声和异味。

（2）润滑系统正常、畅通、可靠、无泄漏现象。

（3）安全防护装置和保险装置安全可靠。

（4）在主轴轴承达到稳定温度时（即热平衡状态），轴承的温度和温升均不得超过如下规定：滑动轴承温度 60℃，温升 30℃；滚动轴承温度 70℃，温升 40℃。

3. 切削试验

车床空运转试验合格后，将其调至中速（最高转速的 1/2 或高于 1/2 的相邻一级转速），继续运转达到热平衡状态时，则可进行切削试验。

1）全负荷强度试验

全负荷强度试验的目的，是考核车床主传动系统能否输出设计所允许的最大扭转力矩和功率。试验方法是将尺寸为 Φ100mm×250mm 的中碳钢试件，一端用卡盘夹紧，一端用顶尖顶住。用硬质合金 YT5 的 45°标准右偏刀进行车削，切削用量为 n=63r/min、ap=12mm、f=0.6mm/r，强力切削外圆。

试验要求在全负荷下，车床所有机构均应工作正常，动作平稳，不能有振动和噪声。主轴转速不得比空转时降低 5%以上。各手柄不得有颤抖和自动换位现象。试验时，允许将摩擦离合器调紧 2~3 孔，待切削完毕再松开至正常位置。安全防护装置和保险装置必须安全可靠，在超负荷时，能及时切断运动。

2）精车外圆试验

目的是检验车床在正常工作温度下，主轴轴线与床鞍移动方向是否平行，主轴的旋转精度是否合格。

试验方法是在车床卡盘夹持尺寸为 Φ80mm×250mm 的中碳钢试件，不用尾座顶尖，采用高速钢车刀，切削用量取 n=400r/min，ap=0.15mm，f=0.1m/r，精车外圆表面。

精车后试件允差：圆度误差≤0.01mm，圆柱度误差≤0.01／100mm，表面粗糙度 Ra≤3.2μm。

3）精车端面试验

应在精车外圆合格后进行，目的是检查车床在正常工作温度下，刀架横向移动对主轴轴线的垂直度和横向导轨的直线度。试件为 Φ250mm 的铸铁圆盘，用卡盘夹持；用 YC8 硬质合金 45°右偏刀精车端面；切削用量取 n=250r/min，ap=0.2mm，f=0.15mm/r。

精车端面后试件平面度误差≤0.02mm（只许凹）。

4）车槽试验

目的是考核车床主轴系统及刀架系统的抗振性能，检查主轴部件的装配精度、主轴旋转精度、床鞍刀架系统刮研配合面的接触质量及配合间隙的调整是否合格。

切槽试验的试件为 Φ80mm×150mm 的中碳钢棒料；用前角 n=8°~10°，后角 α=5°~6° 的 YT15 硬质合金切刀；切削用量为 v_c＝40~70m/min，f=0.1~0.2mm/r，车槽刀宽度为 5mm。在距卡盘端（1.5~2）d（d 为工件直径）处车槽。不应有明显振动和振痕。

5）精车螺纹试脸

目的是检查车床上加工螺纹传动系统的准确性。

试验规范：Φ40mm×500mm 的中碳钢工件；高速钢 60°标准螺纹车刀；切削用量为 n=20r/min，ap=0.02mm，f=6mm/r；两端用顶尖顶车。

精车螺纹试验精度要求螺距累计误差应＜0.025/100mm，，表面粗糙度≤Ra3.2，无振动波纹。

4. 精度标准及其检验

卧式车床精度标准（GB/T4020-1997）的内容包括：几何精度检验项目、检验方法、采用的检验工具和公差值；工作精度检验项目、检验性质、试件尺寸、切削条件和公差值等。

任务4　卧式车床的修理

1. 概述

1）卧式车床大修阶段

机械设备进行定期的计划修理中，大修是恢复设备精度的重要修理工作。卧式车床大修的基本内容是将车床全部解体，修理基准件，更换或修理磨损件，精磨、刮研或用其他加工方法修复全部导轨面，全面恢复车床精度要求。车床大修可分为3个阶段：

（1）修理前的准备阶段

包括详细了解需要大修车床的精度丧失情况、主要零件的磨损情况、传动系统的精度情况和外观情况等。还要阅读有关技术资料、机床说明书和历次修理记录，充分了解该车床的结构特点，传动系统和设计精度要求，提出预检项目。经预检，确定更换零件和主要零部件的修复方法，准备修理和修后精度检验的专用工具、检具和量具。

（2）修理阶段

首先按照与装配相反的顺序和方法进行设备解体，即以先上后下，先外后里的顺序拆卸零、部件。拆卸后立即对零部件进行二次预检，以进一步确定更换件并根据更换件和修复件的供、修情况，制定修理工作进度，使修理工作有计划地进行。

（3）修后验收阶段

修后应对组装调整好的车床按精度标准进行试验验收，以全面衡量修后精度和工作性能的恢复情况。还将大修情况的记录和小结与原始资料归档，以备下次修理时参考。

2）卧式车床主要部件修理顺序

卧式车床大修时，主要部件的修理顺序一般是：床身—床鞍—床身与床鞍的拼装—刀架—主轴箱—进给箱—溜板箱—尾座，最后总装配。在实际工作中，主轴箱、进给箱、溜板箱和尾座的修复工作与刮研工作交叉进行，以缩短修理周期。同时，对主轴、尾座套筒、长丝杠等修理周期较长的关键零件，应提前安排修理加工。

2. 导轨的刮修工艺

卧式车床的床身、床鞍等部件的导轨，可通过磨削、精刨或刮研等方法进行修复，现仅介绍导轨的刮研修复法。

1）导轨刮研修复法

床身导轨的刮修工艺床身导轨修理前，应将床身置于调整垫铁上，调至水平，然后用水平仪或光学平直仪在导轨全长上分段测量，画出导轨误差曲线图并进行分析，选择合适的导轨面作为刮研的基准。常用的刮研基准有两种：

（1）以床鞍导轨为基准

先修刮床鞍导轨面 2、6、7（图 5-31）达到精度要求，再以导轨面 2、6、7 为基准，依次刮研 3、4 、5、1、8 等导轨面，恢复全部导轨面的精度要求。这种方法对原始基准影响小，修复后床身导轨对主轴轴线平行度的影响也小，在床身导轨修刮中常被采用

（2）以床身尾座导轨为基准

先修刮尾座用导轨面 3、4、5（图 5-31）达到精度要求，再以 3、4、5 导轨面为基准，依次修刮其他各导轨面。因尾座用导轨磨损较小，以它为基准对原始基准影响小，在没有检验桥板的情况下，可用尾座底板作检具来测导轨间相互的精度，因其测量距缩短，能保证一定的侧量精度，应用较广泛。

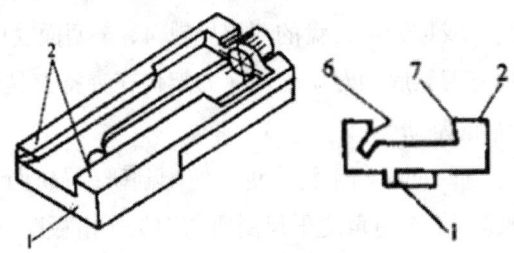

图 5-31　小滑板的刮研

2）床鞍部件修理的刮研工艺

床鞍有与床身结合面导轨和中滑板导轨面两个主要部分，其本身精度及配合间隙直接影响着工件加工表面的精度和表面粗糙度。修理时，必须保证床鞍上、下两导轨的垂直度和直线度要求。

床鞍修理的刮研工艺方案通常有两种：

（1）以横向丝杠 A 孔为基准的刮研工艺其刮研。

（2）以溜板箱安装面为基准的刮研工艺

这种方法对原始基准影响小，工作简便。由于床鞍横向燕尾导轨（上导轨）修刮难度大，在上下导轨垂直度出现误差时，修刮下导轨面，要比修刮上导轨面容易些。因此，以横向丝杠 A 孔为基准的修刮工艺较为简单。

3）小刀架部件修理的刮研工艺

小刀架用来安装刀具并直接承受切削力，因而要求其各结合面之间配合紧密，保证其刚性和移动的直线性。小刀架包括刀架转盘、小滑板和方刀架 3 个主要部件。由于方刀架经常转换位置，其定位销在弹簧力作用下，使小滑板表面磨出一圈深沟而影响定位。通常可将小滑板表面车去一层金属，通过镶垫的方法修理后再进行刮研。

（1）方刀架的刮研

方刀架与小滑板的接触表面，因方头螺栓在夹紧刀具时使其变形，并因此而影响小滑板与刀架转盘导轨间的接触精度。因此，在刮研该面时，应在方刀架夹持刀具的情况下进行，并使 4 个角上的接触点淡一些。方刀架底面通常在标准平板上研点修刮，达到其精度要求。

（2）刀架小滑板的刮研

如图 5-31 所示，导轨面 2 般在标准平板上研点修刮；导轨面 6、7 用角度平尺研点修刮，或按刀架转盘的燕尾导轨 4、5 两面（图 5-32）配刮至要求；表面 1 用方刀架底面对研配刮（刀架仍在夹持刀具情况下）。

（3）刀架转盘的刮研

如图 5-32 所示回转面 8 与下滑座进行转配刮研；导轨面 3 与刀架小滑板面 2 配刮；导轨面 4、5 用角度平尺刮研与刀架小滑板配刮。

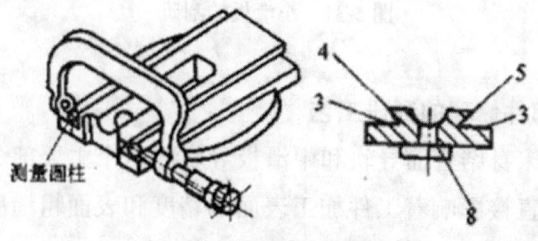

图 5-32　刀架转盘的刮研

（4）镶条的刮研

车床大修时，镶条一般都需要重新制造，刮削余量放在大端，先与标准平板对研粗刮，然后与燕尾导轨进行配刮，精刮后切去两端多余长度，并留一定长度的修调余量。

3. 主要零部件的修理工艺

1）主轴箱主要零部件的修理工艺

（1）主轴精度的检查与修理

①主轴精度的检查

可以在 V 形架上测量主轴精度（图 5-33），方法是将前后轴颈 1、2 分别置于 V 形架和可调 V 形架上，主轴后端孔中镶入一个带中心孔的堵头，孔内放一钢珠，钢珠顶住挡铁以控制主轴轴向移动。校正后转动主轴，用百分表分别检查各轴颈、轴肩及主轴锥孔相对轴颈 1、2 的径向圆跳动和端面圆跳动，也可以在车床上测量主轴精度（图 5-34），与上述方法相同。

同时，还应检查主轴各配合部位的尺寸精度、圆度、表面粗糙度（是否有划伤等），并按照精度要求确定出修理部位。

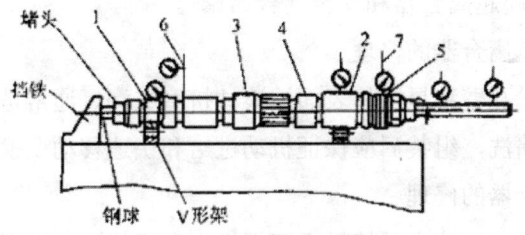

图 5-33　主轴精度的检查

图 5-34　车床上测量的主轴精度

②主轴的修理

当主轴内锥孔径向圆跳动在允差范围内，仅表面有轻微磨损时，可用研磨棒进行研磨修复；若精度超差时，则应在精密磨床上进行精磨修复。

（2）片式摩擦离合器的修理与调整

片式摩擦离合器的零件磨损后，一般需换新件。但摩擦片变形或划伤

157

时，可校平后磨削修复，修磨后厚度减少，可适当增加片数以保证调节余量。

（3）主轴箱操作部分修理

操作部分的拨叉、摆杆等零件断裂或磨损时，一般需更换新件。组装后应保证动作灵敏、定位准确。

（4）制动装置的修理

由于车床启动、停车频繁，所以制动带容易磨损、断裂，应更换新件，并进行调整，使主轴能迅速停车。

2）溜板箱的修理

主要检查传动齿轮的磨损、轴的弯曲和操作机构的工作情况等。

（1）开合螺母操作机构的修理

与开合螺母结合的燕尾导轨表面，可用角度平尺推研修刮，修刮后应达到要求。燕尾导轨刮研后，开合螺母体螺母安装孔轴线会产生位移，影响开合螺母与丝杠的啮合，使床鞍移动阻力加大。若中心距差＞0.05mm时，应以结合面为基准，将孔镗正修复，使中心距达到要求。

（2）单向超越离合器和安全离合器修理

①单向超越离合器的修理

主要是齿轮孔壁和星状体表面被滚柱挤磨成沟，通常是更换磨损件，组装前应进行清洗，组装后应保证机动进给和快速移动变换时准确可靠。

②安全离合器的修理

主要是对左、右接合子接触面磨损进行刮研修理，修理组装后应调整弹簧压力，使发生过载时起到切断进给运动的保护作用。

3）尾座的修理

尾座经长期使用后，尾座底板、尾座孔和尾座套筒都会产生磨损。床身导轨义经过刮研或其他方法修复，因此尾座孔轴线一般都会低于主轴轴线，必须进行修理。

（1）修复尾座孔轴线高度

通过以下几种方法修复，可使尾座孔轴线与主轴轴线等高。

①尾座底板经刮研装配后，在本机床主轴卡盘上装刀，修尾座孔，然后配制尾座套筒。

②将尾座底板刨去一定尺寸后镶垫板，提高尾座孔轴线位置（留刮研余量），然后经刮研达到精度要求。

③更换新尾座底板，经刮研后达到精度要求。

④修刮主轴箱底面，降低主轴轴线，使其与尾座孔轴线等高。

（2）尾座孔的修复

对于磨损量小于 0.03mm 的尾座孔，可用研磨棒研磨修复；磨损量大于 0.05mm 时，用可调式研磨棒修复；当磨损量为 0.1mm 左右时，可通过珩磨方法修复。修复后，应按尾座孔的实际尺寸配制尾座套筒，以保证配合间隙要求。

4. CA6140 型卧式车床常见故障原因与排除方法

机械设备修理工作，不但要进行定期的大修，对局部的修理和调整（小修理和中修理）也是机修钳工的重要内容。正确地判断设备故障产生原因，采取正确的排除故障的方法，迅速排除故障以恢复和达到规定的精度和工艺要求，尽量减少停机时间。

CA6140 型卧式车床常见故障原因及排除方法见表 5-1。

表 5-1　CA6140 型卧式车床常见故障分析

序号	故障现象	产生故障原因	排除故障方法
1	主轴箱冒烟；主轴轴承温升过高	缺少润滑油；摩擦片过紧发热；润滑位置不当；油量过少；主轴轴承过紧发热	排除润滑系统故障；添加润滑油；适当调松摩擦片和主轴轴承间隙
2	主轴闷车；大吃刀自行停车	摩擦片松；传动皮带过松；齿轮未挂上档	调整摩擦片间隙；张紧皮带或更换皮带；重新挂上齿轮
3	主轴停车太慢	制动带磨损；调节过松	调紧制动带或更换制动带
4	主轴箱变速位置不准	手柄定位销松退或拨叉磨损、断裂；齿轮错位；拨叉支杆轴向窜动	调紧定位销；更换拨叉、齿轮重新定位；紧定拨叉支杆
5	主轴箱漏油，噪声增大	箱盖不平整；轴承盖密封垫损坏或未压紧；回油孔堵塞；轴承磨损；齿轮齿合精度差	修整箱盖；更换密封垫并压紧；疏通回油孔；更换轴承；修研齿轮

续表

序号	故障现象	产生故障原因	排除故障方法
6	工件加工表面粗糙	主轴径向跳动、轴向窜动过大；床鞍及中、小滑板配合间隙过大；进给量过大	调整前轴承间隙；更换轴承，必要时调整后轴承；调整床鞍及中、小滑板配合间隙；减小进给量、刃磨刀具
7	车外圆产生椭圆	主轴径向跳动误差大；主轴轴承损坏	减小主轴径向间隙或更换轴承
8	切工件振动、崩刀	主轴径向跳动、轴向窜动大；床鞍及中小滑板配合间隙大；主轴前轴承外圆松动	调整主轴径向、轴向间隙或配换前轴承；调整床鞍及中小滑板间隙
9	车外圆产生锥度及圆柱度超差	主轴轴线对床鞍移动的平行度超差；机身导轨局部重度磨损	调整修刮使主轴轴线对床鞍移动的平行度误差符合要求，修磨床身导轨
10	车端面产生中凸；中滑板前后紧、中间松	中滑板横向移动对主轴轴线的垂直度超差；中间移动多，磨损大	刮研床鞍导轨校正垂直度；修刮中滑板两端导轨至松紧一致
11	强力切削产生振动	主轴松动；滑板配合间隙大	调整主轴轴承间隙或调整刮陪滑板镶条、下压板间隙
12	小滑板进刀不准	丝杠螺母配合间隙大；丝杠弯曲；刻线盘松动	修整丝杠；配换螺母；紧固松动部位
13	中滑板进刀不准	丝杠螺母配合间隙大；丝杠弯曲；刻线盘松动	调整丝杠螺母间隙；校正丝杠；修理刻度盘
14	方刀架定位不准	定位套磨损或定位销卡死	修复或更换定位套、定位销，清洁刀架接触面
15	走刀停顿或无走刀	安全离合器过松；纵向离合器及轴承损坏；操作不当	适当调整安全离合器；更换离合器或轴承；手柄调整到位
16	尾座中心过低	尾座底板磨损；尾座套筒磨损	更换底板；降低主轴中心高；底板加垫抬高；修换套筒；配镗尾座套筒孔

序号	故障现象	产生故障原因	排除故障方法
17	车螺纹螺距不准	丝杠螺母磨损或配合间隙大；丝杠弯曲；丝杠轴向窜动过大	修复校直丝杠，调整或配换开合螺母；减小丝杠轴向窜动
18	床鞍及滑板移动过紧	缺少润滑油；导轨配合面长期磨损，接触面过大；下压板过紧	加注润滑油；修刮导轨面；调整下压板间隙

说明：1.序号 15 项目请注意反向螺纹状态下无走刀；

2.以上故障原因及排除方法均未包括刀具夹持和工件安装中存在的问题。

南开大学出版社网址：http://www.nkup.com.cn

投稿电话及邮箱：　022-23504636　　QQ：1760493289
　　　　　　　　　　　　　　　　　　QQ：2046170045(对外合作)
邮购部：　　　　　022-23507092
发行部：　　　　　022-23508339　　Fax：022-23508542

南开教育云：http://www.nkcloud.org

App：南开书店 app

　　南开教育云由南开大学出版社、国家数字出版基地、天津市多媒体教育技术研究会共同开发，主要包括数字出版、数字书店、数字图书馆、数字课堂及数字虚拟校园等内容平台。数字书店提供图书、电子音像产品的在线销售；虚拟校园提供 360 校园实景；数字课堂提供网络多媒体课程及课件、远程双向互动教室和网络会议系统。在线购书可免费使用学习平台，视频教室等扩展功能。